최신개정판 박문각 자격증

단숨에 끝 SERIES
단끝

단끝

전기기사 · 전기산업기사

전기자기학

___필기 기본서___

정용걸 편저

단숨에 끝내는
핵심이론

단원별 출제
예상문제

제2판

동영상 강의
pmgbooks.co.kr

전기분야
최다 조회수
100만뷰

박문각

PREFACE
이 책의 **머리말**

전기분야 최다 조회수 기록 100만명이 보았습니다!!

"열정은 있다. 그러나 기본이 없다." - 베토벤 -

어떤 일이든 열정만으로 되는 것은 없다고 생각합니다. 마음만 먹으면 금방이라도 자격증을 취득할 것 같아 벅찬 가슴으로 자격증 공부에 대한 계획을 세우지만 한해 10여만 명의 수험자들 중 90% 이상은 재시험을 보아야 하는 실패를 경험합니다.

저는 30년 이상 전기기사 강의를 진행하면서 전기기사 자격증 취득에 실패하는 사례를 면밀히 살펴보니 수험자들이 자격증 취득에 대한 열정은 있지만 정작 전기에 대한 기초공부가 너무나도 부족한 것을 알게 되었습니다.

특히 수강생들이 회로이론, 전기자기학, 전기기기 등의 과목 때문에 힘들어 하는 모습을 보면서 전기기사 자격증을 취득하는 데 도움을 주려고 초보전기 강의를 하게 되었고 강의 동영상을 무지개꿈원격평생교육원 사이트(www.mukoom.com)를 개설하여 10년만에 누적 100여만 명이 조회하였습니다.

이는 전기기사 수험생들이 대부분 비전문가가 많기 때문에 전기 기초에 대한 절실함이 있기 때문이라고 생각합니다.

동영상 강의교재는 너무나도 많지만 초보자의 시각에서 안성맞춤의 강의를 진행하는 교재는 그리 흔치 않습니다.

본 교재에서는 수험생들이 가장 까다롭게 생각하는 과목 중 필요 없는 것은 버리고 꼭 암기하고 알아야 할 것을 간추려 초보자에게 안성맞춤이 되도록 강의한 내용을 중심으로 집필하였습니다.

'열정은 있다. 그러나 기본이 없다'란 베토벤의 말처럼 기초는 너무나도 중요한 문제입니다.

본 교재를 통해 전기(산업)기사 자격증 공부에 어려움을 겪고 있는 수험생 분에게 도움이 되었으면 감사하겠습니다.

무지개꿈 교육원장 정용걸

동영상 교육사이트

무지개꿈원격평생교육원 http://www.mukoom.com
유튜브채널 '전기왕정원장'

GUIDE
필기 합격 공부방법

01 전기(산업)기사 필기 합격 공부방법

1 초보전기Ⅱ 무료강의

전기(산업)기사의 기초가 부족한 수험생이 필수로 숙지를 하셔야 중도에 포기하지 않고 전기(산업)기사 취득이 가능합니다.
초보전기Ⅱ에는 전기(산업)기사의 기초인 기초수학, 기초용어, 기초회로, 기초자기학, 공학용 계산기 활용법 동영상이 있습니다.

2 초보전기Ⅱ 숙지 후에 회로이론을 공부하시면 좋습니다.

회로이론에서 배우는 R, L, C가 전기자기학, 전기기기, 전력공학 공부에 큰 도움이 됩니다.
회로이론 20문항 중 12문항 득점을 목표로 공부하시면 좋습니다.

3 회로이론 다음으로 전기자기학 공부를 하시면 좋습니다.

전기(산업)기사 시험 과목 중 과락으로 실패를 하는 경우가 많습니다.
전기자기학은 20문항 중 10문항 득점을 목표로 공부하시면 좋습니다.

4 전기자기학 다음으로는 전기기기를 공부하면 좋습니다.

전기기기는 20문항 중 12문항 득점을 목표로 공부하시면 좋습니다.

5 전기기기 다음으로 전력공학을 공부하시면 좋습니다.

전력공학은 20문항 중 16문항 득점을 목표로 공부하시면 좋습니다.

6 전력공학 다음으로 전기설비기술기준 과목을 공부하시면 좋습니다.

전기설비기술기준 과목은 전기(산업)기사 필기시험 과목 중 제일 점수를 득점하기 쉬운 과목으로 20문항 중 18문항 득점을 목표로 공부하시면 좋습니다.

초보전기Ⅱ 무료동영상 시청방법

유튜브 '전기왕정원장' 검색 → 재생목록 → 초보전기Ⅱ : 전기기사, 전기산업기사의 기초를 클릭하셔서 시청하시기 바랍니다.

GUIDE
필기 합격 공부방법

02 확실한 합격을 위한 출발선

1 전기기사 · 전기산업기사

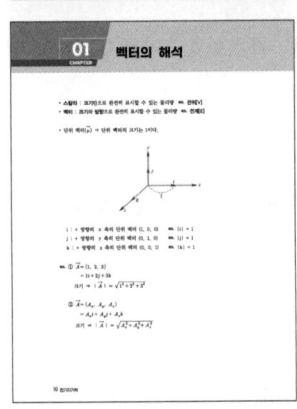

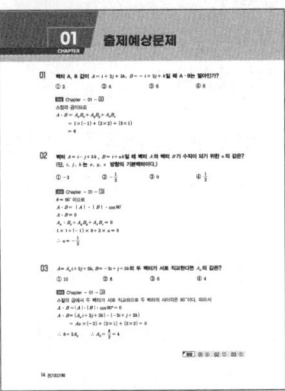

수험생들이 회로이론, 전기자기학, 전력공학 등의 과목 때문에 힘들어하는 모습을 보면서 전기기사 · 전기산업기사 자격증을 취득하는 데 도움을 주기 위해 출간된 교재입니다. 회로이론, 전기자기학, 전력공학 등 어려운 과목들에서 수험생들이 힘들어 하는 내용을 압축하여 단계적으로 학습할 수 있도록 구성하였습니다.
핵심이론과 출제예상문제를 통해 학습하고, 강의를 100% 활용한다면, 기초를 보다 쉽게 정복할 수 있을 것입니다.

2 강의 이용 방법

초보전기 Ⅱ
☑ QR코드 리더 모바일 앱 설치 → 설치한 앱을 열고 모바일로 QR코드 스캔 → 클립보드 복사 → 링크 열기 → 동영상강의 시청

※ 전기(산업)기사 기본서 중 회로이론은 무료강의, 다른 과목들은 유료강의입니다.

GUIDE
필기 합격 공부방법

03 무지개꿈원격평생교육원에서만 누릴 수 있는 강좌 서비스 보는 방법

1 인터넷 브라우저 주소창에서 [www.mukoom.com]을 입력하여 [무지개꿈원격평생교육원]에 접속합니다.

2 [회원가입]을 클릭하여 [무꿈 회원]으로 가입합니다.

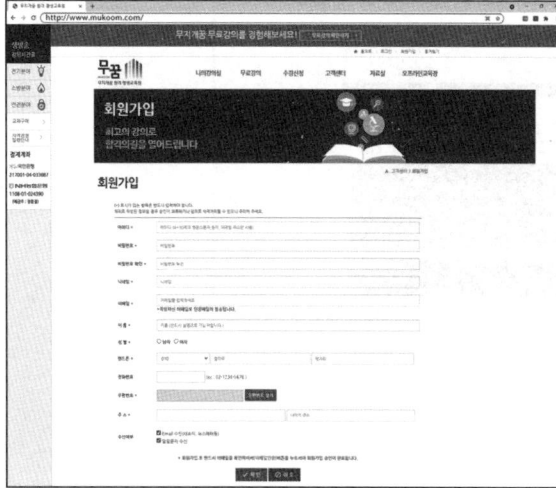

GUIDE
필기 합격 공부방법

3 [무료강의]를 클릭하면 [무료강의] 창이 뜹니다. [무료강의] 창에서 수강하고 싶은 무료 강좌 및 기출문제 풀이 무료 동영상강의를 수강합니다.

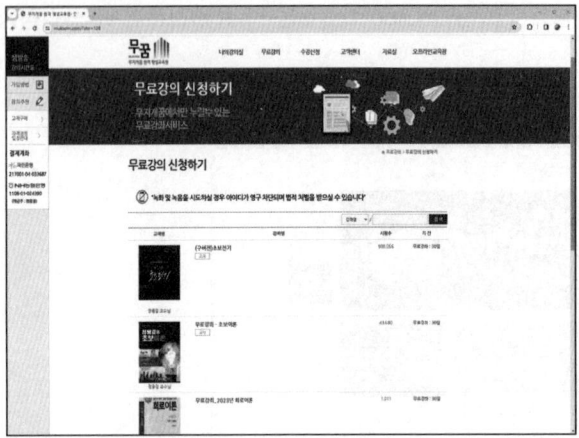

CONTENTS
이 책의 **차례**

전기자기학

Chapter 01 벡터의 해석 ················· 10
✓ 출제예상문제 ················· 14

Chapter 02 진공중의 정전계 ················· 20
✓ 출제예상문제 ················· 37

Chapter 03 진공중의 도체계 ················· 54
✓ 출제예상문제 ················· 65

Chapter 04 유전체 ················· 78
✓ 출제예상문제 ················· 84

Chapter 05 전계의 특수해법 ················· 96
✓ 출제예상문제 ················· 99

Chapter 06 전류 ················· 106
✓ 출제예상문제 ················· 111

Chapter 07 진공중의 정자계 ················· 120
✓ 출제예상문제 ················· 134

Chapter 08 자성체와 자기회로 ················· 156
✓ 출제예상문제 ················· 161

CONTENTS
이 책의 **차례**

| Chapter 09 | 전자 유도 | 176 |
| ✓ 출제예상문제 | | 178 |

| Chapter 10 | 인덕턴스 | 184 |
| ✓ 출제예상문제 | | 190 |

| Chapter 11 | 전자계 | 204 |
| ✓ 출제예상문제 | | 209 |

| Chapter 12 | 챕터요약정리 | 220 |

제1절 벡터의 해석 요점정리 ········· 220
제2절 진공중의 정전계 요점정리 ········· 221
제3절 진공중의 도체계 요점정리 ········· 227
제4절 유전체 요점정리 ········· 230
제5절 전계의 특수해법 요점정리 ········· 232
제6절 전류 요점정리 ········· 233
제7절 진공중의 정자계 요점정리 ········· 234
제8절 자성체와 자기회로 요점정리 ········· 237
제9절 전자 유도 요점정리 ········· 240
제10절 인덕턴스 요점정리 ········· 241
제11절 전자계 요점정리 ········· 242

✦ 초보전기의 기초수학공식 ········· 245

chapter 01

벡터의 해석

01 CHAPTER 벡터의 해석

- **스칼라** : **크기**만으로 완전히 표시할 수 있는 물리량 ex. 전위[V]
- **벡터** : **크기**와 **방향**으로 완전히 표시할 수 있는 물리량 ex. 전계[E]

- 단위 벡터($\vec{\mu}$) ⇒ 단위 벡터의 크기는 1이다.

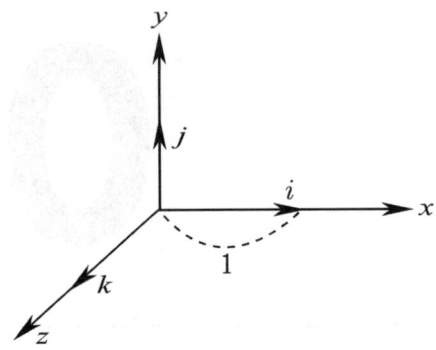

i : + 방향의 x 축의 단위 벡터 (1, 0, 0)   ex. |i| = 1
j : + 방향의 y 축의 단위 벡터 (0, 1, 0)   ex. |j| = 1
k : + 방향의 z 축의 단위 벡터 (0, 0, 1)   ex. |k| = 1

ex. ① $\vec{A} = (1, 2, 3)$
       $= 1i + 2j + 3k$
   크기 ⇒ $|\vec{A}| = \sqrt{1^2 + 2^2 + 3^2}$

② $\vec{A} = (A_x, A_y, A_z)$
       $= A_x i + A_y j + A_z k$
   크기 ⇒ $|\vec{A}| = \sqrt{A_x^2 + A_y^2 + A_z^2}$

01 스칼라 곱 ⇒ 최종결과식이 스칼라

$\vec{A} \cdot \vec{B} = |\vec{A}| |\vec{B}| \cos\theta$

$i \cdot i = j \cdot j = k \cdot k = |i| |i| \cos 0° = 1$
$\qquad\qquad\quad \downarrow \quad \downarrow \quad \downarrow$
$\qquad\qquad\quad 1 \quad\, 1 \quad\, 1$

$i \cdot j = j \cdot k = k \cdot i = |i| |j| \cos 90° = 0$
$\qquad\qquad\quad \downarrow \quad \downarrow \quad \downarrow$
$\qquad\qquad\quad 1 \quad\, 1 \quad\, 0$

$\vec{A} \cdot \vec{B} = (A_x i + A_y j + A_z k) \cdot (B_x i + B_y j + B_z k)$
$\quad = A_x B_x (i \cdot i) + A_x B_y (i \cdot j) + A_x B_z (i \cdot k)$
$\quad + A_y B_x (j \cdot i) + A_y B_y (j \cdot j) + A_y B_z (j \cdot k)$
$\quad + A_z B_x (k \cdot i) + A_z B_y (k \cdot j) + A_z B_z (k \cdot k)$

$\vec{A} \cdot \vec{B} = A_x B_x + A_y B_y + A_z B_z$

02 벡터 곱 ⇒ 최종결과식이 벡터

$\vec{A} \times \vec{B} = |\vec{A}| |\vec{B}| \sin\theta \, \vec{n}$

$i \times i = j \times j = k \times k = |i| |i| \sin 0°$
$\qquad\qquad\qquad\quad \| \quad\, \| \quad\, \|$
$\qquad\qquad\qquad\quad 1 \quad\, 1 \quad\, 0$
$\qquad\qquad\quad = 0$

$i \times j = k \qquad j \times i = -k \qquad$ **ex.** $i \times j = -j \times i = k$
$j \times k = i \qquad k \times j = -i \qquad$ **ex.** $j \times k = -k \times j = i$
$k \times i = j \qquad i \times k = -j \qquad$ **ex.** $k \times i = -i \times k = j$

$$\vec{A} \times \vec{B} = (A_x i + A_y j + A_z k) \times (B_x i + B_y j + B_z k)$$
$$= A_x B_x (i \times i) + A_x B_y (i \times j) + A_x B_z (i \times k)$$
$$+ A_y B_x (j \times i) + A_y B_y (j \times j) + A_y B_z (j \times k)$$
$$+ A_z B_x (k \times i) + A_z B_y (k \times j) + A_z B_z (k \times k)$$
$$= i(A_y B_z - A_z B_y) + j(A_z B_x - A_x B_z)$$
$$+ k(A_x B_y - A_y B_x)$$

$$\vec{A} \times \vec{B} = \begin{vmatrix} i & j & k \\ A_x & A_y & A_z \\ B_x & B_y & B_z \end{vmatrix} \quad \text{샤로스 법칙 이용}$$
$$= i(A_y B_z - A_z B_y) + j(A_z B_x - A_x B_z)$$
$$+ k(A_x B_y - A_y B_x)$$

03 스칼라의 기울기 : 스칼라를 벡터로 환원

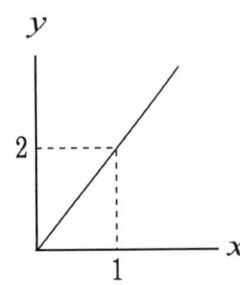

ex. 직선의 기울기

$y = 2x$

$y' = \frac{\partial y}{\partial x} = 2$ (기울기)

ex. 대각선의 기울기

$\frac{\partial V}{\partial x} i + \frac{\partial V}{\partial y} j + \frac{\partial V}{\partial z} k$

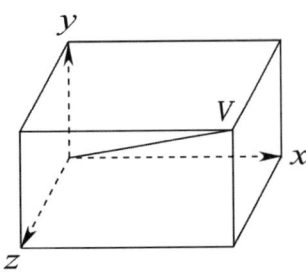

① ∇ : 나블라(nabla), 미분연산자
$$= (\frac{\partial}{\partial x} i + \frac{\partial}{\partial y} j + \frac{\partial}{\partial z} k)$$

② 스칼라의 기울기
$$\text{grad } V = \nabla \cdot V = (\frac{\partial}{\partial x} i + \frac{\partial}{\partial y} j + \frac{\partial}{\partial z} k) \cdot V$$
$$= \frac{\partial V}{\partial x} i + \frac{\partial V}{\partial y} j + \frac{\partial V}{\partial z} k$$

04 벡터의 발산

미분연산자와 벡터와의 스칼라 곱 ⇒ 최종결과식이 스칼라

$$div\vec{E} = \nabla \cdot \vec{E}$$
$$= (\frac{\partial}{\partial x}i + \frac{\partial}{\partial y}j + \frac{\partial}{\partial z}k) \cdot (Exi + Eyj + Ezk)$$
$$= \frac{\partial Ex}{\partial x} + \frac{\partial Ey}{\partial y} + \frac{\partial Ez}{\partial z}$$

05 벡터의 회전

미분연산자와 벡터와의 벡터 곱 ⇒ 최종결과식이 벡터

$$rot\ \vec{E} = \nabla \times \vec{E} = cross\vec{E} = curl\vec{E}$$

$$= \begin{bmatrix} i & j & k \\ \frac{\partial}{\partial x} & \frac{\partial}{\partial y} & \frac{\partial}{\partial z} \\ Ex & Ey & Ez \end{bmatrix}$$

$$= i(\frac{\partial Ez}{\partial y} - \frac{\partial Ey}{\partial z}) + j(\frac{\partial Ex}{\partial z} - \frac{\partial Ez}{\partial x}) + k(\frac{\partial Ey}{\partial x} - \frac{\partial Ex}{\partial y})$$

06 스토크스(스토욱스)의 정리

: 선(ℓ) 적분과 면적(s) 적분의 변환식

$$\int_{\ell} Ed\ell = \int_{s} rot\ Eds\,(rot\,E = \nabla \times E)$$

여기서 $\int_{\ell} = \oint_{c}$

07 발산의 정리

: 면적(s) 적분과 체적(v) 적분의 변환식

$$\int_{s} Eds = \int_{v} div\,E\,dv\,(div\,E = \nabla \cdot E)$$

CHAPTER 01 출제예상문제

01 벡터 A, B 값이 $A = i + 2j + 3k$, $B = -i + 2j + k$일 때 A · B는 얼마인가?

① 2　　　② 4　　　③ 6　　　④ 8

해설 Chapter - 01 - **01**
스칼라 곱이므로
$A \cdot B = A_x B_x + A_y B_y + A_z B_z$
$\quad\quad\quad = 1 \times (-1) + (2 \times 2) + (3 \times 1)$
$\quad\quad\quad = 6$

02 벡터 $A = i - j + 3k$, $B = i + ak$일 때 벡터 A와 벡터 B가 수직이 되기 위한 a의 값은? (단, i, j, k는 x, y, z 방향의 기본벡터이다.)

① -2　　　② $-\dfrac{1}{3}$　　　③ 0　　　④ $\dfrac{1}{2}$

해설 Chapter - 01 - **01**
$\theta = 90°$이므로
$A \cdot B = |A| \cdot |B| \cdot \cos 90°$
$A \cdot B = 0$
$A_x \cdot B_x + A_y B_y + A_z B_z = 0$
$1 \times 1 + (-1) \times 0 + 3 \times a = 0$
$\therefore a = -\dfrac{1}{3}$

03 $A = A_x i + 2j + 3k$, $B = -2i + j + 2k$의 두 벡터가 서로 직교한다면 A_x의 값은?

① 10　　　② 8　　　③ 6　　　④ 4

해설 Chapter - 01 - **01**
스칼라 곱에서 두 벡터가 서로 직교하므로 두 벡터의 사이각은 90°이다. 따라서
$A \cdot B = |A| \cdot |B| \cdot \cos 90° = 0$
$A \cdot B = (A_x i + 2j + 3k) \cdot (-2i + j + 2k)$
$\quad\quad\quad = A_x \times (-2) + (2 \times 1) + (3 \times 2) = 0$
$\therefore 8 = 2A_x \quad \therefore A_x = \dfrac{8}{2} = 4$

정답 01 ③　02 ②　03 ④

04 두 단위 벡터 간의 각을 θ라 할 때 벡터 곱(vector product)과 관계없는 것은?

① $i \times j = -j \times i = k$
② $k \times i = -i \times k = j$
③ $i \times i = j \times j = k \times k = 0$
④ $i \times j = 0$

해설 Chapter – 01 – **02**
$i \times j = k = -j \times i$, $j \times k = i = -k \times j$,
$i \times i = j \times j = k \times k = 1 \times 1 \times \sin 0° = 0$
$k \times i = j = -i \times k$

05 다음 중 옳지 않은 것은?

① $i \cdot i = j \cdot j = k \cdot k = 0$
② $i \cdot j = j \cdot k = k \cdot i = 0$
③ $A \cdot B = AB\cos\theta$
④ $i \times i = j \times j = k \times k = 0$

해설 Chapter – 01 – **01**, **02**
$i \cdot i = j \cdot j = k \cdot k = 1 \times 1 \times \cos 0° = 1$
$i \cdot j = j \cdot k = k \cdot i = 1 \times 1 \times \cos 90° = 0$
$i \times i = j \times j = k \times k = 1 \times 1 \times \sin 0° = 0$

06 V를 임의 스칼라라 할 때 $\mathrm{grad}\, V$의 직각 좌표에 있어서의 표현은?

① $\dfrac{\partial V}{\partial x} + \dfrac{\partial V}{\partial y} + \dfrac{\partial V}{\partial z}$
② $i\dfrac{\partial V}{\partial x} + j\dfrac{\partial V}{\partial y} + k\dfrac{\partial V}{\partial z}$
③ $\dfrac{\partial^2 V}{\partial x^2} + \dfrac{\partial^2 V}{\partial y^2} + \dfrac{\partial^2 V}{\partial z^2}$
④ $i\dfrac{\partial^2 V}{\partial x^2} + j\dfrac{\partial^2 V}{\partial y^2} + k\dfrac{\partial^2 V}{\partial z^2}$

해설 Chapter – 01 – **03**
스칼라의 기울기에서
$\mathrm{grad}\, V = \nabla V$
$= \left(\dfrac{\partial}{\partial x}i + \dfrac{\partial}{\partial y}j + \dfrac{\partial}{\partial z}k \right)V = \dfrac{\partial V}{\partial x}i + \dfrac{\partial V}{\partial y}j + \dfrac{\partial V}{\partial z}k$

정답 04 ④ 05 ① 06 ②

07 전계 $E = i\,2e^{3x}\sin 5y - j\,e^{3x}\cos 5y + k\,3ze^{4z}$ 일 때, 점 $(x=0, y=0, z=0)$에서의 발산은?

① 0　　　② 3　　　③ 6　　　④ 10

해설 Chapter - 01 - **04**
$\operatorname{div} E = \nabla \cdot E$
$= \dfrac{\partial}{\partial x}(2e^{3x}\cdot\sin 5y) + \dfrac{\partial}{\partial y}(-e^{3x}\cdot\cos 5y) + \dfrac{\partial}{\partial z}(3z\cdot e^{4z})$
$= 6\cdot e^{3x}\sin 5y + 5\cdot e^{3x}\sin 5y + 3\cdot(e^{4z} + z\cdot 4\cdot e^{4z})$
$(0, 0, 0)$을 대입하면
$= 3\cdot(1+0) = 3$
$\therefore \operatorname{div} E = 3$

08 다음 중 Stokes의 정리는?

① $\oint_c H\,dS = \iint_s (\nabla H)\,dS$

② $\iint B\,dS = \iint_s (\nabla \cdot H)\,dS$

③ $\oint_c H\,dS = \int (\nabla H)\,d\ell$

④ $\oint_c H\,d\ell = \iint_s (\nabla \times H)\,dS$

해설 Chapter - 01 - **06**
스토크스 정리는 선적분과 면적적분의 변환식이다.

09 $\int_s E\,ds = \int_{vol} \nabla \cdot E\,dv$ 은 다음 중 어느 것에 해당되는가?

① 발산의 정리　　　② 가우스의 정리
③ 스토크스의 정리　　　④ 암페어의 법칙

해설 Chapter - 01 - **07**
가우스 발산정리는 면적적분과 체적적분의 변환식이다.
$\int_S E\,ds = \int_v \nabla \cdot E\,dv = \int_v \operatorname{div} E\,dv\ (\operatorname{div} E = \nabla \cdot E)$

정답 07 ②　08 ④　09 ①

10 어떤 물체에 $F_1 = -3i + 4j - 5k$와 $F_2 = 6i + 3j - 2k$의 힘이 작용하고 있다. 이 물체에 F_3을 가하였을 때 세 힘이 평형이 되기 위한 F_3은?

① $F_3 = -3i - 7j + 7k$
② $F_3 = 3i + 7j - 7k$
③ $F_3 = 3i - j - 7k$
④ $F_3 = 3i - j + 3k$

해설
$F_1 + F_2 + F_3 = 0$
$\therefore F_3 = -(F_1 + F_2) = -\{(-3+6)i + (4+3)j + (-5-2)k\}$
$\quad = -3i - 7j + 7k$

11 전계 E의 E의, x, y, z 성분을 E_x, E_y, E_z라 할 때 $div E$는?

① $\dfrac{\partial E_x}{\partial x} + \dfrac{\partial E_y}{\partial y} + \dfrac{\partial E_z}{\partial z}$
② $i\dfrac{\partial E_x}{\partial x} + j\dfrac{\partial E_y}{\partial y} + k\dfrac{\partial E_z}{\partial z}$
③ $\dfrac{\partial^2 E_x}{\partial x^2} + \dfrac{\partial^2 E_y}{\partial y^2} + \dfrac{\partial^2 E_z}{\partial z^2}$
④ $i\dfrac{\partial^2 E_x}{\partial x^2} + j\dfrac{\partial^2 E_y}{\partial y^2} + k\dfrac{\partial^2 E_z}{\partial z^2}$

해설 Chapter 01 − 04
$div E = \nabla (E_x i + E_y j + E_z k)$
$= (\dfrac{\partial}{\partial x}i + \dfrac{\partial}{\partial y}j + \dfrac{\partial}{\partial z}k) \cdot (E_x i + E_y j + E_z k)$
$= \dfrac{\partial E_x}{\partial x} + \dfrac{\partial E_y}{\partial y} + \dfrac{\partial E_z}{\partial z}$

12 두 벡터가 $A = 2a_x + 4a_y - 3a_z$, $B = a_x - a_y$일 때 $A \times B$는?

① $6a_x - 3a_y + 3a_z$
② $-3a_x - 3a_y - 6a_z$
③ $6a_x + 3a_y - 3a_z$
④ $-3a_x + 3a_y + 6a_z$

해설 Chapter 01 − 02
벡터의 곱
$A = 2a_x + 4a_y - 3a_z, B = a_x - a_y$
$A \times B = \begin{vmatrix} i & j & k \\ 2 & 4 & -3 \\ 1 & -1 & 0 \end{vmatrix}$
$= i(0-3) + j(-3-0) + k(-2-4\times1)$
$= -3i - 3j - 6k$

정답 10 ① 11 ① 12 ②

13 두 벡터 $A=-7i-j, B=-3i-4j$가 이루는 각은?

① 30° ② 45° ③ 60° ④ 90°

해설 Chapter 01 – **01**
스칼라의 곱
$A \cdot B = |A| \cdot |B| \cos\theta$
$\cos\theta = \dfrac{A \cdot B}{|A| \cdot |B|} = \dfrac{AxBx + AyBy + AzBz}{\sqrt{A_x^2 + A_y^2 + A_z^2} \times \sqrt{B_x^2 + B_y^2 + B_z^2}}$
$= \dfrac{(-7) \times (-3) + (-1) \times (-4)}{\sqrt{7^2 + 1^2} \times \sqrt{3^2 + 4^2}} = \dfrac{25}{5\sqrt{2} \times 5} = \dfrac{1}{\sqrt{2}}$
$\therefore \theta = 45°$

14 $A = i + 4j + 3k$, $B = 4i + 2j - 4k$의 두 벡터는 서로 어떤 관계가 있는가?

① 평행 ② 면적 ③ 접근 ④ 수직

해설 Chapter 01 – **02**
벡터의 해석
$AB = |A||B|\cos\theta$
$AxBx + AyBy + AzBz = |A||B|\cos\theta$
$1 \times 4 + 4 \times 2 + 3 \times (-4) = |A||B|\cos\theta$
$0 = |A||B|\cos\theta$
$\theta = 90°$

15 임의의 점의 전계가 $E = iE_x + jE_x + kE_z$로 표시되었을 때, $\dfrac{\partial E_x}{\partial x} + \dfrac{\partial E_y}{\partial y} + \dfrac{\partial E_z}{\partial z}$와 같은 의미를 갖는 것은?

① $\nabla \times E$ ② $\nabla^2 \times E$ ③ $\nabla \cdot E$ ④ $grad|E|$

해설 Chapter 01 – **04**
$div E = \nabla \cdot E \quad rot E = \nabla \times E$
$\nabla = \dfrac{\partial}{\partial x}i + \dfrac{\partial}{\partial y}j + \dfrac{\partial}{\partial z}k$
$E = E_x i + E_y j + E_z k$
$= \dfrac{\partial}{\partial x}(E_x) + \dfrac{\partial}{\partial y}(E_y) + \dfrac{\partial}{\partial z}(E_z)$

정답 13 ② 14 ④ 15 ③

chapter 02

진공중의 정전계

02 진공중의 정전계

01 쿨롱의 법칙

두 전하 사이에 작용하는 힘

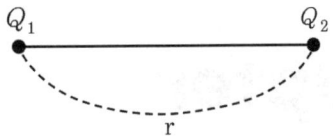

Q_1, Q_2 : 전하량[C]
r : 거리[m]

$$F = \frac{Q_1 Q_2}{4\pi\epsilon_0 r^2} = 9 \times 10^9 \times \frac{Q_1 Q_2}{r^2} \text{[N]}$$

- ϵ_0(진공중의 유전율)
  $= 8.855 \times 10^{-12}$
  $= \dfrac{10^{-9}}{36\pi}$ [F/m]

※ 단위 환산 및 기본량
① e(전자의 전하량)
  $= 1.602 \times 10^{-19}$[C]
② $1[\text{M}\Omega] = 10^6 [\Omega]$
③ $1[\text{kV}] = 10^3 [\text{V}]$
④ $1[\text{mA}] = 10^{-3} [\text{A}]$
⑤ $1[\mu\text{C}] = 10^{-6} [\text{C}]$
⑥ $1[\text{nC}] = 10^{-9} [\text{C}]$
⑦ $10[\text{pC}] = 10^{-12} [\text{C}]$

02 전계의 세기

전계 내의 임의의 점에 단위 정전하(즉 +1[C]을 놓았을 때 작용하는 힘)
(단위 정전하 ⇒ +1[C]에 작용하는 힘)

(1) 구 전하

① 구 외부(점전하)

ⓐ $E = \dfrac{Q \cdot 1}{4\pi\epsilon_0 r^2} = \dfrac{Q}{4\pi\epsilon_0 r^2} = 9 \times 10^9 \times \dfrac{Q}{r^2}$ [V/m]

ⓑ $E = \dfrac{F}{Q}$ [N/C] $= \dfrac{Q}{4\pi\epsilon_0 r^2}$ [N/C]

ⓒ 가우스 법칙 이용

$$\int E ds = \frac{Q}{\epsilon_0} \Rightarrow (\int dx = x + C, \int ds = s + C)$$

$$E \cdot S = \frac{Q}{\epsilon_0} \quad E = \frac{Q}{\epsilon_0 \cdot S} \Rightarrow \text{반지름이 } r \text{인 구의 표면적 } S = 4\pi r^2$$

$$= \frac{Q}{4\pi\epsilon_0 r^2}$$

② **구 내부**(단, 전하가 내부에 균일하게 분포된 경우)

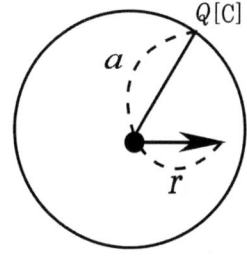

$$E = \frac{Q}{4\pi\epsilon_0 r^2} \times \frac{\text{체적}'(r)}{\text{체적}(a)}$$

$$E = \frac{Q}{4\pi\epsilon_0 r^2} \times \frac{\frac{4}{3}\pi r^3}{\frac{4}{3}\pi a^3}$$

⇒ 반지름이 r인 구의 체적 $V = \frac{4}{3}\pi r^2$

$$E = \frac{r \cdot Q}{4\pi\epsilon_0 a^3} [\text{V/m}]$$

(내부)

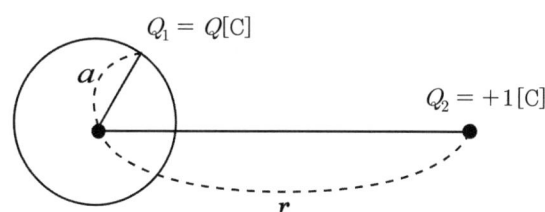

내부 $E = ?$
ⓐ 대전, 평형상태시 내부 $E = 0$
ⓑ 전하가 표면에 균일하게 분포된 경우 내부 $E = \frac{r \cdot Q}{4\pi\epsilon_0 a^3} [\text{V/m}]$

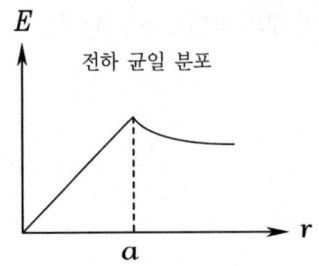
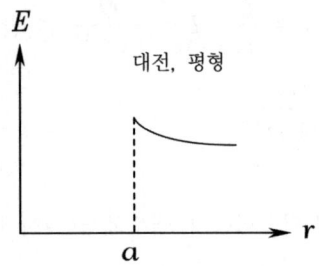

(2) 동축 원통

① **외부**(무한장 직선, 원주)

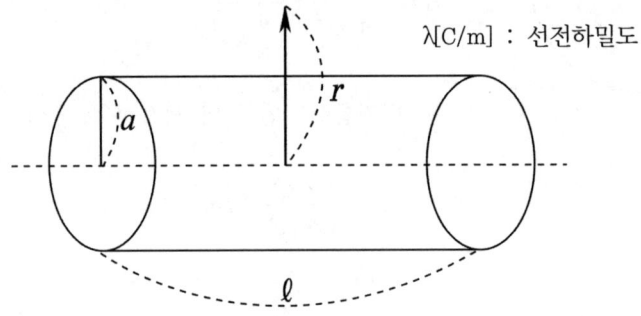

$\lambda[C/m]$: 선전하밀도

◎ 가우스 법칙 이용

$$\int E ds = \frac{Q}{\epsilon_0} = \frac{\lambda \cdot \ell}{\epsilon_0}$$

$$E \cdot S = \frac{\lambda \cdot \ell}{\epsilon_0}$$

$E = \dfrac{\lambda \cdot \ell}{S \cdot \epsilon_0}$ ⇒ 길이 ℓ, 반지름 r인 원통의 표면적 $S = 2\pi r \ell$

$\quad = \dfrac{\lambda \cdot \ell}{2\pi r \ell \cdot \epsilon_0}$

$$E = \frac{\lambda}{2\pi \epsilon_0 r} \text{[V/m]}$$

(외부)

② **원주 내부**
내부(단, 전하가 내부에 균일하게 분포된 경우)

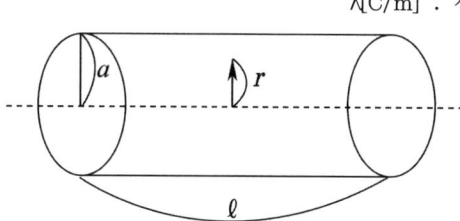

λ[C/m] : 선전하밀도

$$E = \frac{\lambda}{2\pi\epsilon_0 r} \times \frac{체적'(r)}{체적(a)}$$

$$= \frac{\lambda}{2\pi\epsilon_0 r} \times \frac{\pi r^2 \ell}{\pi a^2 \ell} \Rightarrow 길이\ \ell,\ 반지름\ r인\ 원통의\ 체적\ v = \pi r^2 \ell$$

$$E = \frac{r \cdot \lambda}{2\pi\epsilon_0 a^2} [\text{V/m}]$$

(내부)

내부 $E = ?$
ⓐ 대전, 평형상태시 내부 $E = 0$
ⓑ 전하가 표면에 균일하게 분포된 경우 내부 $E = \frac{r \cdot \lambda}{2\pi\epsilon_0 a^2} [\text{V/m}]$

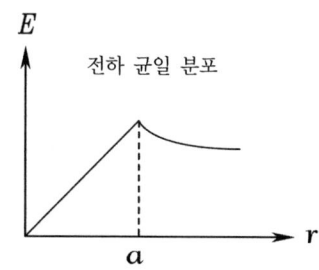

전하 균일 분포

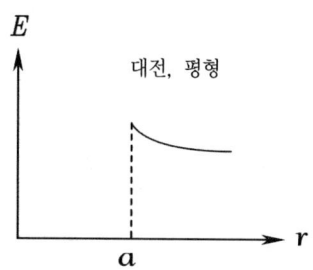

대전, 평형

(3) 무한평면

① $\sigma [C/m^2]$ (면적전하 밀도)가 분포된 경우

$$E = \frac{\sigma}{2\varepsilon_0} [V/m]$$

② $\sigma [C/m^2]$이 간격 $d[m]$로 분포된 경우

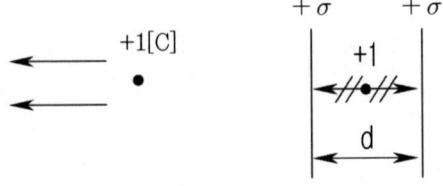

$$E(외부) = \frac{\sigma}{2\epsilon_0} + \frac{\sigma}{2\epsilon_0} = \frac{\sigma}{\epsilon_0} Z[V/m]$$

$$E(내부) = \frac{\sigma}{2\epsilon_0} - \frac{\sigma}{2\epsilon_0} = 0$$

③ $+\sigma, -\sigma [C/m^2]$이 간격 $d[m]$로 분포된 경우

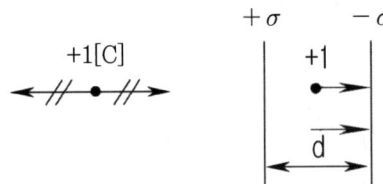

$$E(외부) = \frac{\sigma}{2\epsilon_0} - \frac{\sigma}{2\epsilon_0} = 0$$

$$E(내부) = \frac{\sigma}{2\epsilon_0} + \frac{\sigma}{2\epsilon_0} = \frac{\sigma}{\epsilon_0} [V/m]$$

✦ 전계의 벡터 표시법

$$\vec{E}(\text{벡터}) = (\quad)i + (\quad)j$$
$$= \text{크기} \times \text{단위 벡터}$$
$$(\text{방향}, \vec{n})$$

① **점전하**

크기 : $E = \dfrac{Q}{4\pi\epsilon_0 r^2} = 9 \times 10^9 \times \dfrac{Q}{r^2} [\text{V/m}]$

(단위 벡터)

방향 : $\vec{n} = \dfrac{\text{벡터}}{\text{스칼라}} = \dfrac{\vec{r}}{|\vec{r}|}$

② **선전하**

(동축 원통, 무한장 직선)

크기 : $E = \dfrac{\lambda}{2\pi\epsilon_0 r} = 18 \times 10^9 \times \dfrac{\lambda}{r} [\text{V/m}]$

(단위 벡터)

방향 : $\vec{n} = \dfrac{\vec{r}}{|\vec{r}|}$

✦ 전계의 세기를 구하는 문제

① 중점 $E = ?$

$E = E_1 - E_2$

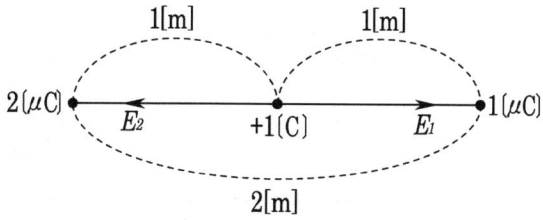

$E_1 = 9 \times 10^9 \times \dfrac{Q}{r^2} = 9 \times 10^9 \times \dfrac{2 \times 10^{-6}}{1^2}$

$$E_2 = 9\times 10^9 \times \frac{10^{-6}}{1^2}$$

$$E = 9\times 10^9 \times 10^{-6} \times (2-1) = 9\times 10^3 [\text{V}/\text{m}]$$

② 중점 $E = ?$

$$E = E_1 + E_2$$

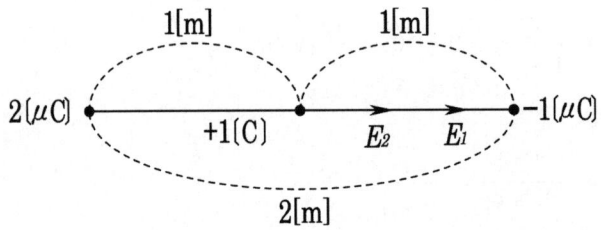

$$E_1 = 9\times 10^9 \times \frac{2\times 10^{-6}}{1^2}$$

$$E_2 = 9\times 10^9 \times \frac{10^{-6}}{1^2}$$

$$E = 9\times 10^9 \times 10^{-6} \times (2+1) = 27\times 10^3 [\text{V}/\text{m}]$$

③ 정삼각형의 P의 점 $E = ?$

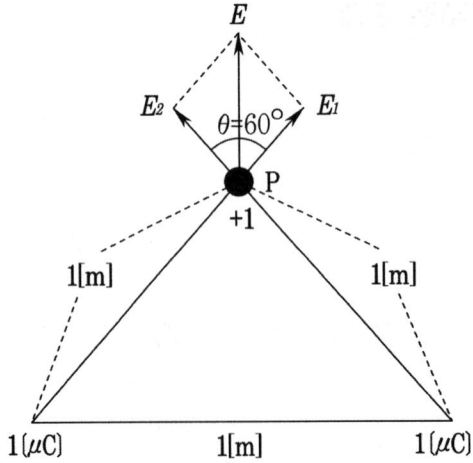

$$E = \sqrt{E_1^2 + E_2^2 + 2E_1 E_2 \cos\theta}$$

$$E = \sqrt{E_1^2 + E_2^2 + 2E_1E_2\cos 60°} \ (E_1 = E_2, \ \cos\theta = \frac{1}{2})$$
$$= \sqrt{E_1^2 + E_1^2 + E_1^2} = \sqrt{3}\,E_1$$
$$E = \sqrt{3} \times 9 \times 10^9 \times \frac{10^{-6}}{1^2} = 9\sqrt{3} \times 10^3 [\text{V/m}]$$

ex. P점

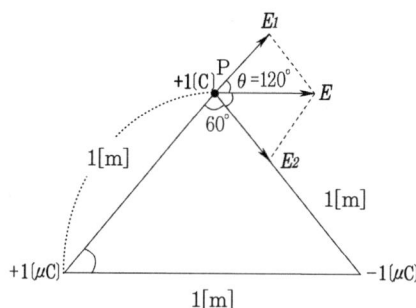

$$\therefore E = \sqrt{E_1^2 + E_2^2 + 2E_1E_2\cos 120°} \ (E_1 = E_2, \ \cos 120° = -\frac{1}{2})$$
$$= \sqrt{E_1^2 + E_1^2 - E_1^2} = \sqrt{E_1^2} = E_1$$
$$E = 9 \times 10^9 \times \frac{10^{-6}}{1^2} = 9 \times 10^3 [\text{V/m}]$$

④ 원점 $E = ?$

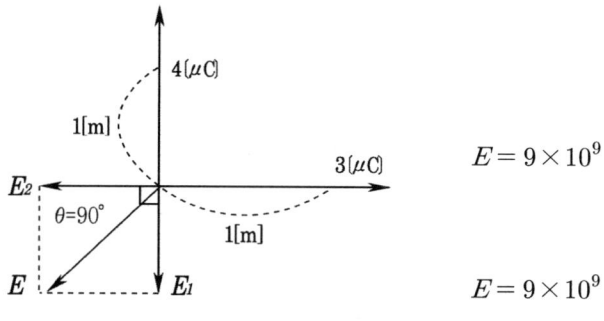

$$E = 9 \times 10^9 \times \frac{4 \times 10^{-6}}{1^2}$$

$$E = 9 \times 10^9 \times \frac{3 \times 10^{-6}}{1^2}$$

$$E = \sqrt{E_1^2 + E_2^2 + 2E_1E_2\cos 90°} \ \ (\cos 90° = 0)$$
$$E = \sqrt{E_1^2 + E_2^2}$$
$$= 9 \times 10^9 \times 10^{-6} \times \sqrt{4^2 + 3^2}$$
$$= 45 \times 10^3 [\text{V/m}]$$

⑤ 전계의 세기가 0이 되는 지점?

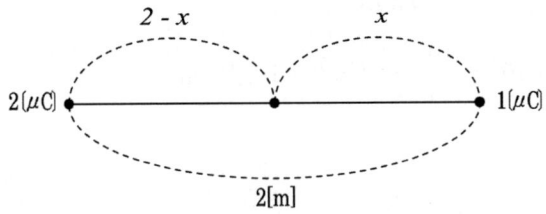

두 전하의 부호가 같은 경우 전계의 세기가 0이 되는 지점은 두 전하 사이에 존재

$$\frac{2\times 10^{-6}}{4\pi\epsilon_0 (2-x)^2} = \frac{10^{-6}}{4\pi\epsilon_0 x^2}$$

$$2x^2 = (2-x)^2$$

$$\sqrt{2}\,x = 2-x$$

$$(\sqrt{2}+1)x = 2$$

$$x = \frac{2}{\sqrt{2}+1} \quad \frac{(\sqrt{2}-1)}{(\sqrt{2}-1)} = 2(\sqrt{2}-1)[\text{m}]$$

⑥ 전계의 세기가 0이 되는 지점 = ?

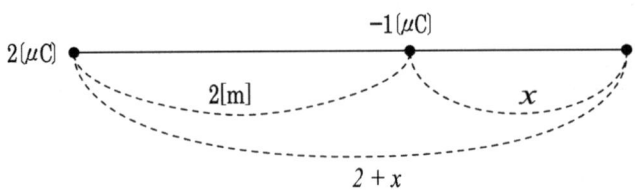

두 전하의 부호가 다른 경우 전계의 세기가 0이 되는 지점은 절대값이 작은 쪽 전하에 존재

$$\frac{2\times 10^{-6}}{4\pi\epsilon_0 (2+x)^2} = \frac{10^{-6}}{4\pi\epsilon_0 x^2}$$

$$2x^2 = (2+x)^2$$
$$\sqrt{2}\,x = 2+x$$
$$(\sqrt{2}-1)x = 2$$
$$x = \frac{2}{\sqrt{2}-1}\;\frac{(\sqrt{2}+1)}{(\sqrt{2}+1)} = 2(\sqrt{2}+1)[\text{m}]$$

03 전위

전계의 세기가 0인 무한 원점으로부터 임의의 점까지 단위정전하 (+1[C])를 이동시킬 때 필요한 일의 양

(1) 구(점) 전위

$$V = -\int_\infty^r E dx \;\;(\text{무한 원점에 대한 임의의 점(r)의 전위})$$

ex. 전계 내에서 B점에 대한 A점의 전위

$$V = -\int_B^A E d\ell$$

$$V = \frac{Q}{4\pi\epsilon_0 r}[\text{V}]$$

$$= E \cdot r = E \cdot d = G \cdot r [\text{V}]$$

(r : 반지름, d : 간격, G : 절연내력)

(2) 동축 원통(무한장 직선, 원주)

$$V = -\int_\infty^r E dx = \int_r^\infty E dx = \int_r^\infty \frac{\lambda}{2\pi\epsilon_0 x} dx = \frac{\lambda}{2\pi\epsilon_0}[\ell n x]_r^\infty$$

$$= \frac{\lambda}{2\pi\epsilon_0}(\ell n \infty - \ell n r)$$

$$V = \infty [\text{V}]$$

(3) 무한 평면

$$V = -\int_{\infty}^{r} E dx = \int_{r}^{\infty} E dx = \int_{r}^{\infty} \frac{\rho}{2\epsilon_0} dx$$

$$= \frac{\rho}{2\epsilon_0}[x]_r^{\infty} = \frac{\rho}{2\epsilon_0}[\infty - r]$$

$$V = \infty$$

※ 동축 원통이나 무한 평면에서 임의의 점(r)의 전위? $V = \infty$

04 전기 쌍극자

$$\cos\theta = \frac{x}{\frac{\delta}{2}} \qquad x = \frac{\delta}{2}\cos\theta$$

$$r_1 = r - \frac{\delta}{2}\cos\theta$$

$$r_2 = r + \frac{\delta}{2}\cos\theta$$

$$r^2 \gg (\frac{\delta}{2}\cos\theta)^2$$

$$M = Q \cdot \delta [\text{c} \cdot \text{m}] \text{ 전기 쌍극자 모멘트}$$

(1) 전위 $V = V_1 + V_2$

$$= \frac{Q}{4\pi\epsilon_0 r_1} + \frac{-Q}{4\pi\epsilon_0 r_2}$$

$$= \frac{Q}{4\pi\epsilon_0}(\frac{1}{r_1} - \frac{1}{r_2}) = \frac{Q}{4\pi\epsilon_0}(\frac{1}{r - \frac{\delta}{2}\cos\theta} - \frac{1}{r + \frac{\delta}{2}\cos\theta})$$

$$= \frac{Q}{4\pi\epsilon_0} \frac{(r + \frac{\delta}{2}\cos\theta) - (r - \frac{\delta}{2}\cos\theta)}{r^2 - (\frac{\delta}{2}\cos\theta)} = \frac{Q\delta\cos\theta}{4\pi\epsilon_0 r^2}$$

$$= \frac{M}{4\pi\epsilon_0 r^2}\cos\theta [\text{V}]$$

(2) 전계의 세기

$$E = \sqrt{E_\theta^2 + E_r^2}$$

$$E_\theta = -\frac{1}{r} \cdot \frac{\partial V}{\partial \theta}$$

$$= -\frac{1}{r} \cdot \frac{M(-\sin\theta)}{4\pi\epsilon_0 r^2}$$

$$= \frac{M\sin\theta}{4\pi\epsilon_0 r^3}$$

$$E_r = -\frac{\partial V}{\partial r}$$

$$= -\frac{M\cos\theta}{4\pi\epsilon_0} \times \left(-\frac{2}{r^3}\right)$$

$$= \frac{2M\cos\theta}{4\pi\epsilon_0 r^3}$$

$$E = \sqrt{E_\theta^2 + E_r^2}$$

$$= \frac{M}{4\pi\epsilon_0 r^3}\sqrt{1+3\cos^2\theta}\,[\text{V/m}]$$

---

① 전위

$$V = \frac{M}{4\pi\epsilon_0 r^2}\cos\theta\,[V]$$

② 전계의 세기

$$E = \frac{M}{4\pi\epsilon_0 r^3}\sqrt{1+3\cos^2\theta}\,[\text{V/m}] \quad (M : \text{전기 쌍극자 모멘트})$$

$\theta = 0°$일 때 $V, E \Rightarrow$ 최대

$\theta = 90°$일 때 $V = 0$

$$E = \frac{M}{4\pi\epsilon_0 r^3} \Rightarrow \text{최소}$$

05 전기 이중층

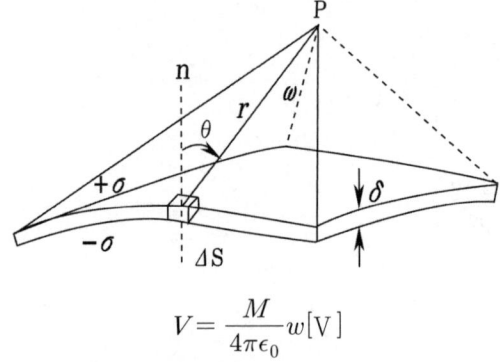

$$V = \frac{M}{4\pi\epsilon_0} w \,[\text{V}]$$

입체각 w $\begin{cases} \text{구, 무한평면, 판에 무한히 접근 시 } w = 4\pi \,[\text{Sr}] \\ \text{평면각 } w = 2\pi(1-\cos\theta) \,[\text{Sr}] \end{cases}$

(1) 무한히 접근시

$w = w_1 + w_2 = 2\pi + 2\pi = 4\pi$

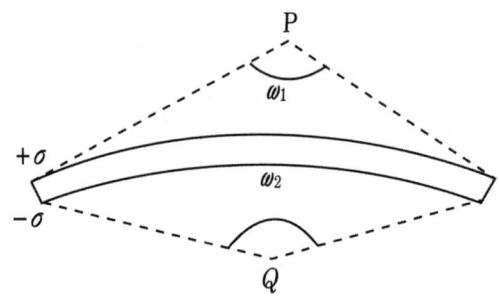

(2) $w = 2\pi(1-\cos\theta)$

$w = \dfrac{S}{r^2}$

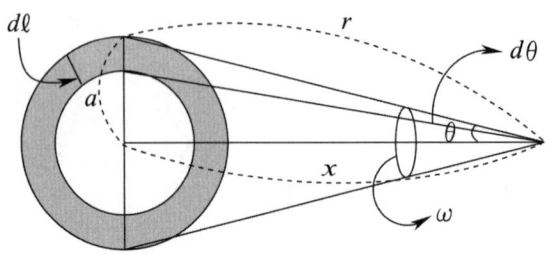

반지름이 a인 구 중심에서 x만큼 떨어진 지점

$$dS = 2\pi a d\ell \qquad \sin\theta = \frac{a}{r} \qquad a = r\sin\theta$$
$$= 2\pi (r\sin\theta)(rd\theta) \qquad d\ell = rd\theta$$
$$= 2\pi r^2 \sin\theta d\theta$$

$$S = \int_0^\theta 2\pi r^2 \sin\theta d\theta$$
$$= 2\pi r^2 [-\cos\theta]_0^\theta$$
$$= 2\pi r^2 [-\cos\theta + 1]$$
$$= 2\pi r^2 [1 - \cos\theta]$$
$$= 2\pi r^2 (1 - \frac{x}{\sqrt{a^2 + x^2}})$$

06 전위의 기울기와 전계와의 관계(전계와 크기는 같고 방향이 반대)

$$E = -\,grad\,V$$
$$= -\nabla V$$
$$= -(\frac{\partial}{\partial x}i + \frac{\partial}{\partial y}j + \frac{\partial}{\partial z}k)V$$
$$= -(\frac{\partial V}{\partial x}i + \frac{\partial V}{\partial y}j + \frac{\partial V}{\partial z}k)$$

07 포아송의 방정식

$$\nabla^2 V = -\frac{\rho}{\epsilon_0}[c/m^3]$$

$$\frac{\partial^2 V}{\partial x^2} + \frac{\partial^2 V}{\partial y^2} + \frac{\partial^2 V}{\partial z^2} = -\frac{\rho}{\epsilon_0}[c/m^3]$$

$\rho[C/m^3]$ ─┬─ 체적 전하밀도
           ├─ 공간 전하밀도
           └─ 원천 전하밀도

08 전기력선의 방정식

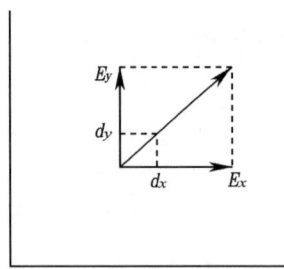

$$\frac{dx}{Ex} = \frac{dy}{Ey}$$

평면(2차원)이 아닌 3차원(즉 x, y, z 존재)으로 보면

$$\frac{dx}{Ex} = \frac{dy}{Ey} = \frac{dz}{Ez}$$

✦ 전기력선의 성질

① 전기력선의 밀도는 전계의 세기와 같다.
   ex. $E = 1[\text{N/C}]$일 때 전기력선의 밀도[개/m^2]
   = ? 전기력선의 밀도
   = $1[\text{개}/m^2]$

② 전기력선은 불연속 $(+) \rightarrow (-)$
   전기력선은 전하가 없는 곳에서 연속
   도체 내부에는 전기력선이 존재하지 않음

③ 전기력선은 전위가 높은 곳에서 낮은 곳으로 향한다.
   ex. $E = 50[\text{V/m}], \ V_A = 80[\text{V}]$

   A ● ─ ● B
   0.8[m]

$$V_B = V_A - E \cdot d$$
$$= 80 - (50 \times 0.8)$$
$$= 40[\text{V}]$$

④ 대전, 평형 상태시 전하는 표면에만 분포

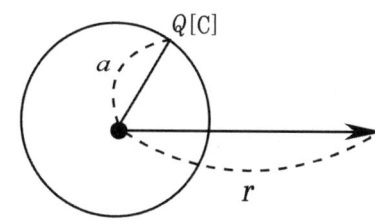

$E(내부) = 0$ $\quad V(내부) = \dfrac{Q}{4\pi\epsilon_0 a}$ [등전위체적]

$E(외부) = \dfrac{Q}{4\pi\epsilon_0 r^2}$ $\quad V(외부) = \dfrac{Q}{4\pi\epsilon_0 r}$

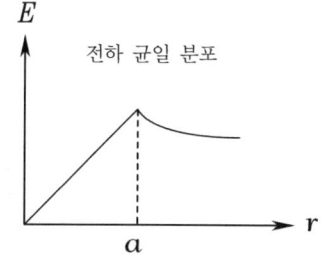
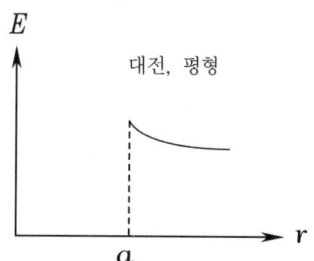

(단, 전하가 내부에 균일하게 분포된 경우)
$E = \dfrac{rQ}{4\pi\epsilon_0 a^3} [\text{V}/\text{m}]$

⑤ 전기력선은 도체 표면(등전위면)에 수직

⑥ 전하는 뾰족한 부분일수록 많이 모이려는 성질이 있다.

곡률 반경	小	大
곡률	大	小
표면전하 밀도	大	小
전계	大	小

⑦ 전기력선수 $= \dfrac{Q}{\epsilon_0}$

  전속수 $= Q$

09 전속 밀도(D) = 표면전하 밀도(ρ)

* 구(점) 전하

$$D = \dfrac{\text{전속수}}{\text{면적}} = \dfrac{Q}{S} \Rightarrow \text{반지름이 } r \text{인 구의 표면적 } S = 4\pi r^2$$

$$D = \dfrac{Q}{4\pi r^2} = \epsilon_0 E [\text{C/m}^2]$$

10 전하 이동시 에너지

$W = q \cdot V[\text{J}]$ (q : 이동 전하, V : 전위차)

① 등전위면(폐곡면)에서 전하 이동시 에너지는 전위차[V] $= 0$이므로 $W = 0$
② $V = V_1(\text{큰 전위}) - V_2(\text{작은 전위})$
③ $V = E \cdot r = E \cdot d = G \cdot r$

11 에너지 밀도

$w = \dfrac{1}{2}\epsilon_0 E^2 \rightarrow D = \epsilon_0 E$

$\dfrac{D^2}{2\epsilon_0} \Rightarrow D = \epsilon_0 E$

$$= \dfrac{(\epsilon_0 E)^2}{2\epsilon_0} = \dfrac{1}{2}\epsilon_0 E^2$$

$$= \dfrac{\epsilon_0 E \cdot D}{2\epsilon_0} = \dfrac{1}{2} ED [\text{J/m}^3]$$

① $w = \dfrac{1}{2}\epsilon_0 E^2 = \dfrac{D^2}{2\epsilon_0} = \dfrac{1}{2}ED[\text{J/m}^3]$: 단위체적당 에너지

② $f = \dfrac{1}{2}\epsilon_0 E^2 = \dfrac{D^2}{2\epsilon_0} = \dfrac{1}{2}ED[\text{N/m}^2]$: 정전응력

$f \propto E^2 \propto D^2 \propto (\text{표면전하 밀도})^2$

02 출제예상문제

01 진공 중에서 크기가 같은 두 개의 작은 구에 같은 양의 전하를 대전시킨 후 50[cm] 거리에 두었더니 작은 구는 서로 9×10^{-3}[N]의 힘으로 반발했다. 각각의 전하량은 몇 [C]인가?

① 5×10^{-7} ② 5×10^{-5}
③ 2×10^{-5} ④ 2×10^{-7}

해설 Chapter – 02 – **01**

$F = 9 \times 10^9 \times \dfrac{Q_1 Q_2}{r^2} = 9 \times 10^9 \times \dfrac{Q^2}{r^2}$ 에서

$Q = \sqrt{\dfrac{F \times r^2}{9 \times 10^9}} = \sqrt{\dfrac{9 \times 10^{-3} \times 0.5^2}{9 \times 10^9}} = 5 \times 10^{-7}$[C]

02 진공 중에 2×10^{-5}[C]과 1×10^{-6}[C]인 두 개의 점전하가 50[cm] 떨어져 있을 때 두 전하 사이에 작용하는 힘은 몇 [N]인가?

① 0.72 ② 0.92
③ 1.82 ④ 2.02

해설 Chapter – 02 – **01**

$F = 9 \times 10^9 \times \dfrac{2 \times 10^{-5} \times 1 \times 10^{-6}}{0.5^2} = 0.72$[N]

03 전계 중에 단위 전하를 놓았을 때 그것에 작용하는 힘을 그 점에 있어서의 무엇이라 하는가?

① 전계의 세기 ② 전위
③ 전위차 ④ 변화 전류

해설 Chapter – 02 – **02**

전계의 세기는 전계 내에서 임의의 점에 단위정전하 (+1[C])를 놓았을 때 작용하는 힘으로 나타낼 수 있다.

정답 01 ① 02 ① 03 ①

04 진공 중 놓인 1[μC]의 점전하에서 3[m]되는 점의 전계[V/m]는?

① 10^{-3} ② 10^{-1} ③ 10^2 ④ 10^3

해설 Chapter – 02 – **02** – (1)

$E = 9 \times 10^9 \times \dfrac{Q}{r^2} = 9 \times 10^9 \times \dfrac{10^{-6}}{3^2} = 10^3 \, [\text{V/m}]$

05 전계의 세기 1,500[V/m]의 전장에서 5[μC]의 전하를 놓으면 얼마의 힘[N]이 작용하는가?

① 4.5×10^{-3} ② 5.5×10^{-3}
③ 6.5×10^{-3} ④ 7.5×10^{-3}

해설 Chapter – 02 – **02** – (1)

$F = QE = 5 \times 10^{-6} \times 1,500 = 7.5 \times 10^{-3} \, [\text{N}]$

06 점전하 0.5[C]의 전계 $E = 3a_x + 5a_y + 8a_z$ [V/m] 중에서 속도 $4a_x + 2a_y + 3a_z$ 로 이동할 때 받는 힘은 몇 [N]인가?

① 4.95 ② 7.45
③ 9.95 ④ 13.47

해설 Chapter – 02 – **02** – (1)

$F = Q \cdot E = 0.5 \times (3a_x + 5a_y + 8a_z) = 0.5 \times \sqrt{3^2 + 5^2 + 8^2} = 4.95 [\text{N}]$
$(i = a_x, \; j = a_y, \; k = a_z)$

07 진공 중 무한장 직선상 전하에서 2[m] 떨어진 곳의 전계가 9×10^6 [V/m]이다. 선전하 밀도 [C/m]는?

① 10^{-3} ② 2×10^{-3}
③ 4×10^{-3} ④ 6×10^{-3}

해설 Chapter – 02 – **02** – (2)

$E = \dfrac{\lambda}{2\pi\epsilon_0 r} = 18 \times 10^9 \times \dfrac{\lambda}{r} [\text{V/m}]$

$\therefore \lambda = \dfrac{Er}{18 \times 10^9} = \dfrac{9 \times 10^6 \times 2}{18 \times 10^9} = 10^{-3} [\text{C/m}]$

정답 04 ④ 05 ④ 06 ① 07 ①

08 반지름 a인 원주 대전체에 전하가 균등하게 분포되어 있을 때 원주 대전체의 내외 전계의 세기 및 축으로부터의 거리와 관계되는 그래프는?

①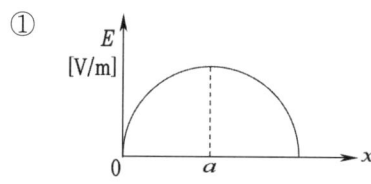

②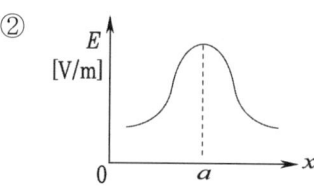

③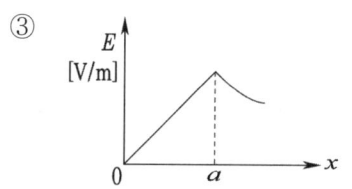

④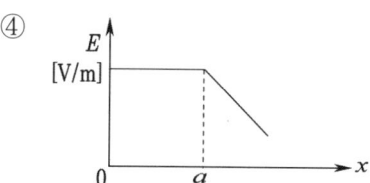

해설 Chapter − 02 − **02** − (2)

$r < a$ (원주 내부) : $E_i = \dfrac{r \cdot \lambda}{2\pi\epsilon_0 a^2}$ [V/m], $r > a$ (원주 외부) : $E = \dfrac{\lambda}{2\pi\epsilon_0 r}$ [V/m]

즉, 전하가 균등하게 분포되어 있을 때는 전계의 세기가 내부에서는 거리에 비례하고 외부에서는 거리에 반비례한다.

09 그림과 같이 단심연피케이블의 내외도체를 단절연할 경우 두 도체 간의 절연내력을 최대로 하기 위한 조건으로 옳은 것은? (단, ϵ_1, ϵ_2는 각각의 유전률이다.)

① $\epsilon_1 = \epsilon_2$로 한다.

② $\epsilon_1 > \epsilon_2$로 한다.

③ $\epsilon_2 > \epsilon_1$로 한다.

④ 유전률과는 관계없다.

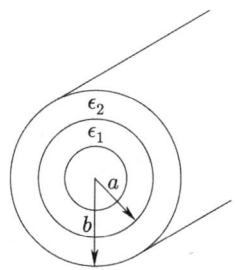

해설 Chapter − 02 − **02** − (2)

원주(케이블)의 전계의 세기 $E = \dfrac{\lambda}{2\pi\epsilon r}$ 에서 $\epsilon r = \dfrac{\lambda}{2\pi E}$

$\epsilon r = k$이므로 $b < a$이면 $\epsilon_1 > \epsilon_2$가 되어야 전계의 강도가 균일하므로 경제적 절연이 된다.

정답 08 ③ 09 ②

10 중공 도체의 중공부 내 전하를 놓지 않으면 외부에서 준 전하는 외부 표면에만 분포한다. 도체 내의 전계[V/m]는 얼마인가?

① 0　　② 4π　　③ $\dfrac{1}{4\pi\epsilon_0}$　　④ ∞

해설 Chapter - 02 - **02** - (2)
전하가 표면에만 분포할 때 내부의 전계의 세기는 '0'이다.

11 무한 평면 전하에 의한 전계의 세기는?

① 거리에 관계없다.　　② 거리에 비례한다.
③ 거리의 제곱에 비례한다.　　④ 거리에 반비례한다.

해설 Chapter - 02 - **02** - (3)
무한 평면의 전계의 세기 $E = \dfrac{\sigma}{2\epsilon_0}$ [V/m]

12 무한히 넓은 평면에 면밀도 δ [C/m²]의 전하가 분포되어 있는 경우 전력선은 면에 수직으로 나와 평행하게 발산한다. 이 평면의 전계의 세기[V/m]는?

① $\dfrac{\delta}{2\epsilon_0}$　　② $\dfrac{\delta}{\epsilon_0}$
③ $\dfrac{\delta}{2\pi\epsilon_0}$　　④ $\dfrac{\delta}{4\pi\epsilon_0}$

해설 Chapter - 02 - **02** - (3)
무한 평면에서 전계의 세기 $E = \dfrac{\delta}{2\epsilon_0}$ [V/m]

13 진공 중에서 전하 밀도 $\pm\sigma$ [C/m²]의 무한 평면이 간격 d [m]로 떨어져 있다. $+\sigma$의 평면으로부터 r [m] 떨어진 점 P의 전계의 세기[N/C]는?

① 0　　② $\dfrac{\sigma}{\epsilon_0}$
③ $\dfrac{\sigma}{2\epsilon_0}$　　④ $\dfrac{\sigma}{2\epsilon_0}\left[\dfrac{1}{r} - \dfrac{1}{r+d}\right]$

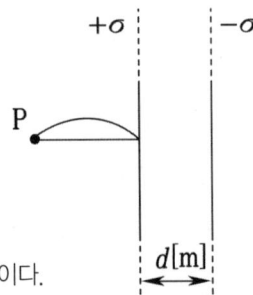

해설 Chapter - 02 - **02** - (3)
면전하 밀도 $\pm\sigma$ [C/m²]가 대전되었을 때 외부의 전계의 세기는 0이다.

정답 10 ①　11 ①　12 ①　13 ①

14 어느 점전하에 의하여 생기는 전위를 처음 전위의 $\frac{1}{2}$이 되게 하려면 전하로부터의 거리를 몇 배로 하면 되는가?

① $\frac{1}{\sqrt{2}}$
② $\frac{1}{2}$
③ $\sqrt{2}$
④ 2

해설 Chapter – 02 – **06** – (1)
점전하의 전위
$$V = \frac{Q}{4\pi \epsilon_o r}$$
$$\frac{1}{2}V = \frac{Q}{4\pi \epsilon_0 r'} = \frac{Q}{4\pi \epsilon_0 (2r)} = \frac{1}{2}V$$
$$r' = 2r$$

15 공기 중에 고립하고 있는 지름 40[cm]인 구도체의 전위를 몇 [kV] 이상으로 하면, 구 표면의 공기 절연이 파괴되는가? (단, 공기의 절연 내력은 30[kV/cm]라 한다.)

① 300[kV] 이상
② 450[kV] 이상
③ 600[kV] 이상
④ 1200[kV] 이상

해설 Chapter – 02 – **06** – (1)
$$r = \frac{D}{2} = \frac{40}{2} = 20\,[\text{cm}]$$
$$\therefore\ V = Gr = 30[\text{kV/cm}] \times 20[\text{cm}] = 600[\text{kV}]$$

16 한 변의 길이가 a[m]인 정육각형 ABCDEF의 각 정점에 각각 Q[C]의 전하를 놓을 때 정육각형 중심 O점의 전위[V]는?

① $\frac{3Q}{2\pi\epsilon_0 a}$
② $\frac{Q}{4\pi\epsilon_0 a}$
③ $\frac{3Q}{2\pi\epsilon_0 a^2}$
④ $\frac{2Q}{\pi\epsilon_0 a}$

해설 Chapter – 02 – **06** – (1)
$$V = \frac{Q}{4\pi\epsilon_0 a} \times 6 = \frac{3Q}{2\pi\epsilon_0 a}\,[\text{V}]$$

정답 14 ④　15 ③　16 ①

17 정전계 E 내에서 점 B에 대한 점 A의 전위를 결정하는 식은?

① $-\int_B^A E dl$ ② $-\int_A^B E dl$ ③ $-\int_\infty^A E dl$ ④ $-\int_\infty^B E dl$

해설 Chapter - 02 - 06 - (1)
점 P의 전위는 무한원점으로부터 단위정전하를 P점까지 운반하는 데 요하는 일이므로
$$V_P = \int_P^\infty E dl = -\int_\infty^P E dl$$
따라서 $V = \int_A^B E dl = -\int_B^A E dl$

18 50[V/m]의 평등 전계 중의 80[V]되는 점 A에서 전계 방향으로 70[cm] 떨어진 점 B의 전위[V]는?

① 15
② 30
③ 45
④ 80

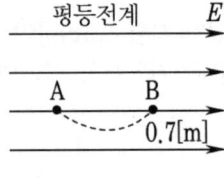

해설 Chapter - 02 - 05 - (3), 06 - (1)
$V_B = V_A - E \cdot d = 80 - 50 \times 0.7 = 45[V]$
(전기력선은 전위가 높은 점에서 낮은 점으로 향한다.)

19 간격 3[m]의 평행 무한 평면 도체에 각각 ±4[C/m²]의 전하를 주었을 때, 두 도체 간의 전위차는 몇 [V]인가?

① 1.5×10^{11} ② 1.5×10^{12} ③ 1.36×10^{11} ④ 1.36×10^{12}

해설 Chapter - 02 - 02 - (3), 06 - (1)
무한 평면 사이의 전계 세기 $E = \dfrac{\sigma}{\epsilon_0}$

전위차 $V = E \cdot d = \dfrac{\sigma}{\epsilon_0} \times d = \dfrac{4}{8.855 \times 10^{-12}} \times 3$
$= 1.355 \times 10^{12}[V]$

정답 17 ① 18 ③ 19 ④

20 무한장 선전하와 무한 평면 전하에서 r[m] 떨어진 점의 전위[V]는 각각 얼마인가? (단, ρ_L은 선전하 밀도, ρ_S는 평면 전하 밀도이다.)

① 무한 직선 : $\dfrac{\rho_L}{2\pi\epsilon_0}$, 무한 평면 도체 : $\dfrac{\rho_S}{\epsilon}$

② 무한 직선 : $\dfrac{\rho_L}{4\pi\epsilon_0}$, 무한 평면 도체 : $\dfrac{\rho_S}{2\pi\epsilon_0}$

③ 무한 직선 : $\dfrac{\rho_L}{\epsilon}$, 무한 평면 도체 : ∞

④ 무한 직선 : ∞, 무한 평면 도체 : ∞

해설 Chapter − 02 − **06** − (2), (3)

무한장 직선 : $V = \int_r^\infty E\,dx = \int_r^\infty \dfrac{\lambda}{2\pi\epsilon_0 x}dx = \dfrac{\lambda}{2\pi\epsilon_0}[\ln x]_r^\infty = \infty$

무한 평면 도체 : $V = \int_r^\infty E\,dx = \dfrac{\rho}{2\epsilon_0}[x]_r^\infty = \infty$

21 선전하 밀도 λ[C/m]인 무한장 직선 전하로부터 각각 r_1[m], r_2[m] 떨어진 두 점 사이의 전위차[V]는? (단, $r_2 > r_1$ 이다.)

① $\dfrac{\lambda}{2\pi\epsilon_0}\ln\dfrac{r_2}{r_1}$ ② $\dfrac{\lambda}{2\pi\epsilon_0}\ln\dfrac{r_1}{r_2}$ ③ $\dfrac{1}{2\pi\epsilon_0}\ln\dfrac{r_1}{r_2}$ ④ $\dfrac{\lambda}{2\pi\epsilon_0}(r_2 - r_1)$

해설 Chapter − 02 − **06** − (4)

$V = \int_{r_1}^{r_2} E\,dx = \dfrac{\lambda}{2\pi\epsilon_0}[\ln x]_{r_1}^{r_2} = \dfrac{\lambda}{2\pi\epsilon_0}\ln\dfrac{r_2}{r_1}$

22 진공 중에서 무한장 직선도체에 선전하 밀도 $\rho_L = 2\pi \times 10^{-3}$[C/m]가 균일하게 분포된 경우 직선도체에서 2[m], 4[m] 떨어진 두 점 사이의 전위차는 몇 [V]인가?

① $\dfrac{10^{-3}}{\pi\epsilon_0}\ln 2$ ② $\dfrac{10^{-3}}{\epsilon_0}\ln 2$ ③ $\dfrac{1}{\pi\epsilon_0}\ln 2$ ④ $\dfrac{1}{\epsilon_0}\ln 2$

해설 Chapter − 02 − **06** − (4)

$V = \dfrac{\rho_L}{2\pi\epsilon_0}\ln\dfrac{r_2}{r_1} = \dfrac{2\pi \times 10^{-3}}{2\pi\epsilon_0} \times \ln\dfrac{4}{2}$

$= \dfrac{10^{-3}}{\epsilon_0}\ln 2$

정답 20 ④ 21 ① 22 ②

23

그림과 같이 $+q[C/m]$, $+q[C/m]$로 대전된 두 도선이 $d[m]$의 간격으로 평행 가설되었을 때 이 두 도선 간에서 전위 경도가 최소가 되는 점은?

① $d/3$ ② $d/2$
③ $2/3$ ④ $3/5$

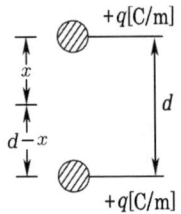

해설 Chapter – 02 – **02** – (2), **04** – (1)
전위 경도가 최소가 되는 지점은 전계의 세기가 0인 점을 구하는 문제이므로 부호가 같은 경우 두 선전하 사이에 존재한다.
전계의 세기가 0인 점의 거리를 x라 하면

$$\frac{q}{2\pi\epsilon_0 x} = \frac{q}{2\pi\epsilon_0 (d-x)}$$

$$\frac{1}{x} = \frac{1}{d-x}$$

$$d - x = x$$

$$2x = d$$

$$x = \frac{1}{2}d[m]$$

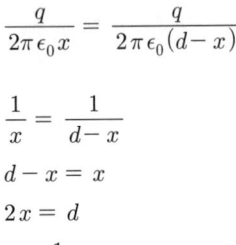

24

진공 내의 점 (3, 0, 0)[m]에 $4\times10^{-9}[C]$의 전하가 있다. 이때 점 (6, 4, 0)[m]의 전계의 크기는 몇 [V/m]이며, 전계의 방향을 표시하는 단위 벡터는 어떻게 표시되는가?

① 전계의 크기 : $\dfrac{36}{25}$, 단위 벡터 : $\dfrac{1}{5}(3a_x + 4a_y)$

② 전계의 크기 : $\dfrac{36}{125}$, 단위 벡터 : $3a_x + 4a_y$

③ 전계의 크기 : $\dfrac{36}{25}$, 단위 벡터 : $a_x + a_y$

④ 전계의 크기 : $\dfrac{36}{125}$, 단위 벡터 : $\dfrac{1}{5}(a_x + a_y)$

해설 Chapter – 02 – **03** – (1)
거리 r(3, 4, 0) $\vec{r} = 3i + 4j$, $|\vec{r}| = \sqrt{3^2 + 4^2} = 5[m]$

크기 : $E = \dfrac{Q}{4\pi\epsilon_0 r^2} = 9\times10^9 \dfrac{4\times10^{-9}}{5^2} = \dfrac{36}{25}$ [V/m]

방향 : $\dfrac{\vec{E}}{|\vec{E}|} = \dfrac{\vec{r}}{|\vec{r}|} = \dfrac{3i + 4j}{5}$ ($i = a_x$, $j = a_y$, $k = a_z$)

정답 23 ② 24 ①

25 그림과 같이 $q_1 = 6 \times 10^{-8}$ [C], $q_2 = -12 \times 10^{-8}$ [C]의 두 전하가 서로 10[cm] 떨어져 있을 때 전계세기가 0이 되는 점은?

① q_1과 q_2의 연장선상 q_1으로부터 왼쪽으로 24.1[cm] 지점이다.
② q_1과 q_2의 연장선상 q_1으로부터 왼쪽으로 14.1[cm] 지점이다.
③ q_1과 q_2의 연장선상 q_2으로부터 왼쪽으로 24.1[cm] 지점이다.
④ q_1과 q_2의 연장선상 q_2으로부터 왼쪽으로 14.1[cm] 지점이다.

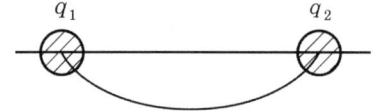

해설 Chapter – 02 – **04** – (6)
두 전하의 부호가 다른 경우 $E = 0$이 되는 지점은 두 전하 외부에서 절대값이 작은 쪽에 존재한다.

$$\frac{q_1}{4\pi\epsilon_0 x^2} = \frac{q_2}{4\pi\epsilon_0 (0.1+x)^2}$$

$$\frac{6 \times 10^{-8}}{x^2} = \frac{12 \times 10^{-8}}{(0.1+x)^2}$$

$$12x^2 = 6(0.1+x)^2$$

$$2x^2 = (0.1+x)^2$$

$$\sqrt{2}\, x = 0.1 + x$$

$$(\sqrt{2} - 1)x = 0.1$$

$$\therefore x = \frac{0.1}{\sqrt{2}-1} = 0.241 [m]$$

26 크기가 같고 부호가 반대인 두 점전하 +Q[C]과 –Q[C]이 극히 미소한 거리 δ[m]만큼 떨어져 있을 때 전기 쌍극자 모멘트는 몇 [C·m]인가?

① $\frac{1}{2} Q\delta$ ② $Q\delta$ ③ $2Q\delta$ ④ $4Q\delta$

해설 Chapter – 02 – **07**
전기쌍극자 모멘트 $M = Q \cdot \delta [C \cdot m]$

정답 25 ① 26 ②

27 쌍극자 모멘트 $4\pi\varepsilon_0$[C·m]의 전기 쌍극자에 의한 공기 중 한 점 1[cm], 60°의 전위[V]는?

① 0.05　　② 0.5　　③ 50　　④ 5,000

해설 Chapter – 02 – **07**
$$V = \frac{M \cdot \cos\theta}{4\pi\epsilon_0 r^2} = \frac{4\pi\epsilon_0 \times \cos 60°}{4\pi\epsilon_0 \times (10^{-2})^2} = 5,000[V]$$

28 전기 쌍극자에 의한 전계의 세기는 쌍극자로부터의 거리 r에 대해서 어떠한가?

① r에 반비례한다.　　② r^2에 반비례한다.
③ r^3에 반비례한다.　　④ r^4에 반비례한다.

해설 Chapter – 02 – **07**
전기 쌍극자에 의한 전계 $E = \dfrac{M}{4\pi\epsilon_0 r^3}\sqrt{1+3\cos^2\theta}$ [V/m]

29 쌍극자 모멘트가 M[C·m]인 전기 쌍극자에서 점 P의 전계는 $\theta = \dfrac{\pi}{2}$일 때 어떻게 되는가? (단, θ는 전기 쌍극자의 중심에서 축방향과 점 P를 잇는 선분의 사이각이다.)

① 최소　　② 최대　　③ 항상 0이다.　　④ 항상 1이다.

해설 Chapter – 02 – **07**
전기 쌍극자에 의한 전계
$E = \dfrac{M}{4\pi\epsilon_0 r^3}\sqrt{1+3\cos^2\theta}$ [V/m]
$\theta = 0°$: 최대
$\theta = 90°$: 최소

30 전계와 전위 경도를 옳게 표현한 것은?

① 크기가 같고 방향이 같다.　　② 크기가 같고 방향이 반대이다.
③ 크기가 다르고 방향이 같다.　　④ 크기가 다르고 방향이 반대이다.

해설 Chapter – 02 – **09**
$E = -\text{grad}\ V = -\nabla V$

정답　27 ④　28 ③　29 ①　30 ②

31 전위 $V = 3xy + z + 4$일 때 전계 E는?

① $i\,3x + j\,3y + k$
② $-i\,3y - j\,3x - k$
③ $i\,3x - j\,3y - k$
④ $i\,3y + j\,3x + k$

해설 Chapter - 02 - 09

$E = -\text{grad}\,V = -\nabla \cdot V = -\left(\dfrac{\partial V}{\partial x}i + \dfrac{\partial V}{\partial y}j + \dfrac{\partial V}{\partial z}k\right)$
$= -(3yi + 3xj + k)$
$= -3yi - 3xj - k$

32 $V = x^2 + y^2\,[\text{V}]$의 전위 분포를 갖는 전계의 전기력선의 방정식은? (단, A는 임의의 상수이다.)

① $y = \dfrac{A}{x}$
② $y = Ax$
③ $y = Ax^2$
④ $\dfrac{1}{x} - \dfrac{1}{y} = A$

해설 Chapter - 02 - 09, 11

전계 $E = -\text{grad}\,V = -\nabla V = -\left(\dfrac{\partial V}{\partial x}i + \dfrac{\partial V}{\partial y}j + \dfrac{\partial V}{\partial z}k\right)$
$= -(2xi + 2yj)\,[\text{V/m}]$

전기력선의 방정식

$\dfrac{dx}{E_x} = \dfrac{dy}{E_y}$

$\dfrac{dx}{-2x} = \dfrac{dy}{-2y}$

$\dfrac{1}{x}dx = \dfrac{1}{y}dy$

$\int \dfrac{1}{x}dx = \int \dfrac{1}{y}dy$

$\ln x = \ln y + \ln k$

$\ln x - \ln y = \ln k$

$\ln \dfrac{x}{y} = \ln k$

$\dfrac{x}{y} = k$

$x = ky$

$\therefore y = \dfrac{1}{k}x = A \cdot x$

정답 31 ② 32 ②

33 진공의 전하분포 공간 내에서 전위가 $V = x^2 + y^2$ [V]로 표시될 때 전하밀도는 몇 [C/m³]인가?

① $-4\epsilon_0$
② $-\dfrac{4}{\epsilon_0}$
③ $-2\epsilon_0$
④ $-\dfrac{2}{\epsilon_0}$

해설 Chapter – 02 – **10**
포아송의 방정식

$\nabla^2 V = -\dfrac{\rho}{\epsilon_0}$

$\dfrac{\partial^2 V}{\partial x^2} + \dfrac{\partial^2 V}{\partial y^2} + \dfrac{\partial^2 V}{\partial z^2} = -\dfrac{\rho}{\epsilon_0}$

∴ $\rho = -4\epsilon_0$ [C/m³]

34 포아송의 방정식은?

① $\text{div} E = -\dfrac{\rho}{\epsilon_0}$
② $\nabla^2 V = -\dfrac{\rho}{\epsilon_0}$
③ $E = -\text{grad}\, V$
④ $\text{div}\, E = \epsilon_0$

해설 Chapter – 02 – **08**
포아송의 방정식 : $\nabla^2 V = -\dfrac{\rho}{\epsilon_0}$

35 전기력선의 일반적인 성질로서 틀린 것은?

① 전기력선은 부전하에서 시작하여 정전하에서 그친다.
② 전기력선은 그 자신만으로 폐곡선이 되는 일은 없다.
③ 전기력선은 전위가 높은 점에서 낮은 점으로 향한다.
④ 도체 내부에서 전기력선이 없다.

해설 Chapter – 02 – **05**
전기력선은 정전하에서 시작하여 부전하에서 그친다.

정답 33 ① 34 ② 35 ①

36 대전 도체 표면의 전하 밀도는 도체 표면의 모양에 따라 어떻게 되는가?
① 곡률이 크면 작아진다.　　② 곡률이 크면 커진다.
③ 평면일 때 가장 크다.　　④ 표면 모양에 무관하다.

해설 Chapter - 02 - **05** - (6)
전하 밀도는 전하가 뾰족한 부분에 많이 모이려는 성질이 있으므로 곡률이 크면 크고, 곡률 반지름이 크면 작다.

37 유전율 ϵ 인 유전체 중에서 단위 전계의 세기 1[N/C]인 점에서의 전기력선의 밀도[개/m²]는?
① 1　　② $1/\epsilon$
③ $1/(4\pi\epsilon)$　　④ 0

해설 Chapter - 02 - **05** - (1)
전기력선의 밀도는 그 점에서 전계의 세기와 같다.

38 정전계 내에 있는 도체 표면에서 전계의 방향은 어떻게 되는가?
① 임의 방향　　② 표면과 접선 방향
③ 표면과 45° 방향　　④ 표면과 수직 방향

해설 Chapter - 02 - **05** - (5)
전기력선의 방향은 전계의 방향과 같다.

39 도체구 내부 공동의 중심에 점전하 Q[C]이 있을 때 이 도체구의 외부에 발산되어 나오는 전기력선의 수는 몇 개인가? (단, 도체 내외의 공간은 진공이라 한다.)
① 4π　　② $\dfrac{Q}{\epsilon_0}$
③ Q　　④ $\dfrac{Q}{\epsilon_0 \epsilon_s}$

해설 Chapter - 02 - **05** - (7)
전기력선수 : $\dfrac{Q}{\epsilon_0}$
전속선수 : Q

정답 36 ②　37 ①　38 ④　39 ②

40 어떤 폐곡면 내에 +8[μC]의 전하와 −3[μC]의 전하가 있을 경우, 이 폐곡면에서 나오는 전기력선의 총수는?

① 5.65×10^5 개
② 10^7 개
③ 10^5 개
④ 9.65×10^5 개

해설 Chapter − 02 − **05** − (7)

$$N = \frac{Q_1 + Q_2}{\epsilon_0} = \frac{(8-3) \times 10^{-6}}{8.855 \times 10^{-12}} = 5.65 \times 10^5 \text{[개]}$$

※ 전기력선은 정전하에서 나와 부전하로 들어간다. (+ → − 소멸)

41 유전률 ϵ 인 유전체를 넣은 무한장 동축 케이블의 중심도체에 q[C/m]의 전하를 줄 때 중심축에서 r[m](내외반지름의 중간점)의 전속 밀도는 몇 [C/m²]인가?

① $\dfrac{q}{4\pi r^2}$
② $\dfrac{q}{4\pi \epsilon r^2}$
③ $\dfrac{q}{2\pi r}$
④ $\dfrac{q}{2\pi \epsilon r}$

해설 Chapter − 02 − **02** − (2)

동축 원통(원주)에서 전계의 세기 $E = \dfrac{q}{2\pi \epsilon r}$ [V/m]

전속 밀도 $D = \epsilon E = \dfrac{q}{2\pi r}$ [C/m²]

42 자유공간에서 점 P(5, −2, 4)가 도체면상에 있으며 이 점에서 전계 $E = 6a_x - 2a_y + 3a_z$[V/m]이다. 점 P에서의 면전하 밀도 ρ_s[C/m²]은?

① $-2\epsilon_0$
② $3\epsilon_0$
③ $6\epsilon_0$
④ $7\epsilon_0$

해설 Chapter − 02 − **12**

표면전하 밀도 $\rho_s = D = \epsilon_0 E = \epsilon_0 \times \sqrt{6^2 + 2^2 + 3^2} = 7\epsilon_0$ [C/m²]

43 등전위면을 따라 전하 Q[C]를 운반하는 데 필요한 일은?

① 전하의 크기에 따라 변한다.
② 전위의 크기에 따라 변한다.
③ QV
④ 0

해설 Chapter − 02 − **13**

등전위면을 따라 전하를 운반할 때 일은 필요하지 않다.

정답 40 ① 41 ③ 42 ④ 43 ④

44 전계 내에서 폐회로를 따라 전하를 일주시킬 때 하는 일은 몇 [J]인가?

① ∞　　　　　　　　　　　　　② 0
③ 부정　　　　　　　　　　　　④ 산출 불능

해설 Chapter − 02 − **13**
폐회로를 따라 단위 정전하를 일주시킬 때 전계가 하는 일은 0이다.

45 정전계의 반대 방향으로 전하를 2[m] 이동시키는 데 240[J]의 에너지가 소모되었다. 두 점 사이의 전위차가 60[V]이면 전하의 전기량[C]은?

① 1　　　　② 2　　　　③ 4　　　　④ 8

해설 Chapter − 02 − **13**
$W = QV$
$\therefore Q = \dfrac{W}{V} = \dfrac{240}{60} = 4[C]$

46 면전하 밀도가 σ [C/m²]인 대전 도체가 진공 중에 놓여 있을 때 도체 표면에 작용하는 정전 응력[N/m²]은?

① σ^2에 비례한다.　　　　　② σ에 비례한다.
③ σ^2에 반비례한다.　　　　④ σ에 반비례한다.

해설 Chapter − 02 − **14**
정전응력 $f = \dfrac{1}{2}\epsilon_0 E^2 = \dfrac{D^2}{2\epsilon_0} = \dfrac{\sigma^2}{2\epsilon_0}$ [N/m²]

47 두 장의 평행 평판 사이의 공기 중에서 코로나 방전이 일어난 전계의 세기가 3[kV/mm]라면 이때 도체면에 작용하는 힘[N/m²]은?

① 39.9　　　② 3.8　　　③ 71.6　　　④ 7.96

해설 Chapter − 02 − **14**
$E = 3$ [kV/mm] $= 3 \times 10^6$ [V/m]
$f = \dfrac{1}{2}\epsilon_0 E^2 = \dfrac{1}{2} \times 8.855 \times 10^{-12} \times (3 \times 10^6)^2 = 39.9$ [N/m²]

정답　44 ②　45 ③　46 ①　47 ①

48 반지름 a[m]의 구 도체에 전하 Q[C]이 주어질 때 구 도체 표면에 작용하는 정전응력은 약 몇 [N/m^2]인가?

① $\dfrac{9\,Q^2}{16\pi^2\epsilon_0 a^6}$ ② $\dfrac{9\,Q^2}{32\pi^2\epsilon_0 a^6}$

③ $\dfrac{Q^2}{16\pi^2\epsilon_0 a^4}$ ④ $\dfrac{Q^2}{32\pi^2\epsilon_0 a^4}$

[해설] Chapter − 02 − **03** − (1), **02** − (14)

구 표면에서 $E = \dfrac{Q}{4\pi\epsilon_0 a^2}$ [V/m]

정전응력 $f = \dfrac{1}{2}\epsilon_0 E^2 = \dfrac{1}{2}\epsilon_0 \left(\dfrac{Q}{4\pi\epsilon_0 a^2}\right)^2 = \dfrac{Q^2}{32\pi^2\epsilon_0 a^4}$ [N/m^2]

49 간격이 d[m]이고 면적이 S[m^2]인 평행판 커패시터의 전극 사이에 유전율이 ϵ인 유전체를 넣고 전극 간에 V[V]의 전압을 가했을 때, 이 커패시터의 전극판을 떼어내는 데 필요한 힘의 크기[N]는?

① $\dfrac{1}{2\epsilon}\dfrac{V^2}{d^2 S}$ ② $\dfrac{1}{2\epsilon}\dfrac{dV^2}{S}$

③ $\dfrac{1}{2}\epsilon\dfrac{V}{d}S$ ④ $\dfrac{1}{2}\epsilon\dfrac{V^2}{d^2}S$

[해설] Chapter 02 − **14**

정전응력

$f = \dfrac{1}{2}\epsilon E^2 = \dfrac{D^2}{2\epsilon} = \dfrac{1}{2}ED$

$F = \dfrac{1}{2}\epsilon E^2 S = \dfrac{1}{2}\epsilon(\dfrac{V}{d})^2 S$

$\quad = \dfrac{1}{2}\epsilon\dfrac{V^2}{d^2}S$가 된다.

정답 48 ④ 49 ④

chapter 03

진공중의 도체계

03 진공중의 도체계

01 전위 계수 $[\frac{1}{F}]$

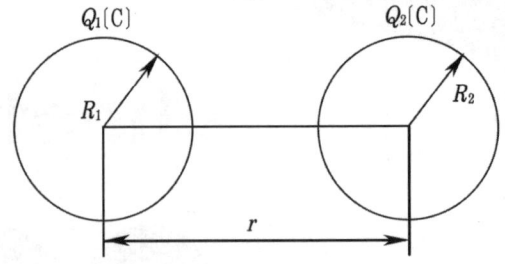

도체 1의 전위 $V_1 = \dfrac{Q_1}{4\pi\epsilon_0 R_1} + \dfrac{Q_2}{4\pi\epsilon_0 r}$

$\quad\quad\quad\quad\quad\quad = P_{11}Q_1 + P_{12}Q_2 [\text{V}]$

도체 2의 전위 $V_2 = \dfrac{Q_1}{4\pi\epsilon_0 r} + \dfrac{Q_2}{4\pi\epsilon_0 R_2}$

$\quad\quad\quad\quad\quad\quad = P_{21}Q_1 + P_{22}Q_2 [\text{V}]$

$V_1 = P_{11}Q_1 + P_{12}Q_2 [\text{V}]$

$V_2 = P_{21}Q_1 + P_{22}Q_2 [\text{V}]$

$P_{11}, P_{12}, P_{21}, P_{22}$: 전위 계수 $[\dfrac{1}{F}]$

P_{rr} : 첨자가 같은 것 **ex.** P_{11}, P_{22}

$P_{rs} = P_{sr}$: 첨자가 틀린 것 **ex.** $P_{12} = P_{21}$

- 성질

    $P_{rr} > 0$

    $P_{rs} = P_{sr} \geqq 0$

    $P_{rr} \geqq P_{rs}$

    ($P_{rr} = P_{rs}$일 때 s가 r에 속해 있다.)

02 용량계수, 유도계수

(1) 도체 1의 전하량　　$Q_1 = 4\pi\epsilon_0 R_1 V_1 + 4\pi\epsilon_0 r V_2$
$= q_{11} V_1 + q_{12} V_2 [\text{C}]$

(2) 도체 2의 전하량　　$Q_2 = 4\pi\epsilon_0 r V_1 + 4\pi\epsilon_0 R_2 V_2$
$= q_{21} V_1 + q_{22} V_2 [\text{C}]$

$Q_1 = q_{11} V_1 + q_{12} V_2 [\text{C}]$
$Q_2 = q_{21} V_1 + q_{22} V_2 [\text{C}]$
첨자가 같은 것 : q_{11}, q_{22} (용량계수)[F]
첨자가 틀린 것 : q_{12}, q_{21} (유도계수)[F]

- 성질
  q_{rr} (용량계수) > 0
  $q_{rs} = q_{sr}$ (유도계수) $\leqq 0$
  $q_{rr} \geqq -q_{rs}$
  ($q_{rr} = -q_{rs}$ 일 때 r 이 s 에 속해 있다.)

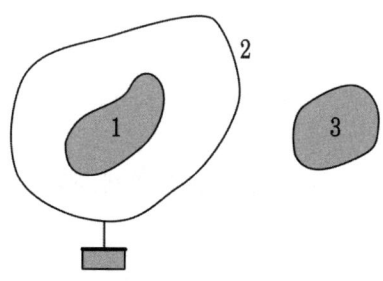

ex. 용량계수, 유도계수로 표현

① 말로 표현　　　　　　　⇒ 1도체가 2도체에 속해 있다.
② 전위계수로 표현　　　　⇒ $P_{22} = P_{21}$
③ 용량, 유도계수로 표현　⇒ $q_{11} = -q_{12}$
　　　　　　　　　　　　　　$-q_{11} = q_{12}$

03 콘덴서 연결

(1) 직렬 연결

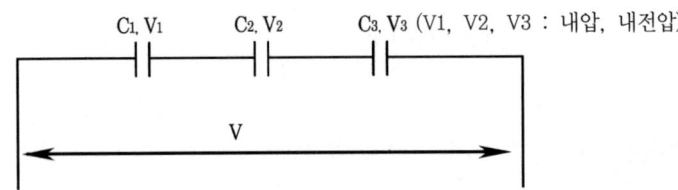

($C_1 V_1$, $C_2 V_2$, $C_3 V_3$ ⇒ 문제에서 주어짐(이미 알고 있는 값))

① 합성 정전 용량(콘덴서 직렬은 저항 병렬)

$$C = \frac{1}{\frac{1}{C_1} + \frac{1}{C_2} + \frac{1}{C_3}} [F]$$

② 최초로 파괴되는 콘덴서

$Q_1 = C_1 V_1$, $Q_2 = C_2 V_2$, $Q_3 = C_3 V_3$

Q값이 작은 것이 제일 먼저 파괴

ex.

C_1	V_1	C_2	V_2	C_3	V_3
1	100	2	100	3	100

⇒ $Q_1 = C_1 V_1 = 100$, $Q_2 = C_2 V_2 = 200$, $Q_3 = C_3 V_3 = 300$

∴ Q_1값이 작으므로 C_1 콘덴서가 제일 먼저 파괴

③ 콘덴서 파괴 전압(가할 수 있는 최대 전압, 전체 내압)

먼저 파괴되는 콘덴서를 구함

만약, $Q_1 < Q_2 < Q_3$일 때, Q_1이 제일 작으므로 C_1 콘덴서가 먼저 파괴될 때

$$V_1 = \frac{\frac{1}{C_1}}{\frac{1}{C_1} + \frac{1}{C_2} + \frac{1}{C_3}} V [V]$$

$$V_2 = \frac{\frac{1}{C_1} + \frac{1}{C_2} + \frac{1}{C_3}}{\frac{1}{C_1}} V_1 [V]$$

ex.
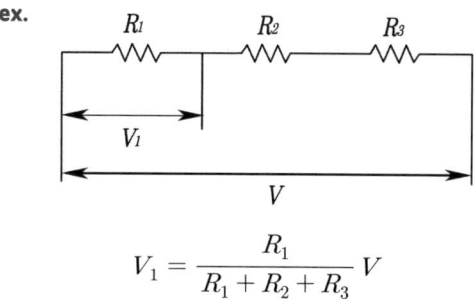

$$V_1 = \frac{R_1}{R_1 + R_2 + R_3} V$$

(2) 병렬 연결

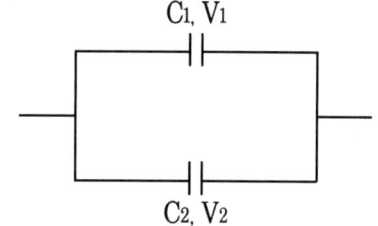

(V_1, V_2 ⇒ 충전된 전압)

① 합성 정전 용량(콘덴서 병렬은 저항 직렬처럼)
$C = C_1 + C_2 [\text{F}]$

② 병렬시 (새로운) 전압 = 단자전압 = 공통전위

$$V = \frac{Q}{C} = \frac{Q_1 + Q_2}{C_1 + C_2} = \frac{C_1 V_1 + C_2 V_2}{C_1 + C_2} [\text{V}]$$

$$= \frac{4\pi\epsilon_0 (r_1 V_1 + r_2 V_2)}{4\pi\epsilon_0 (r_1 + r_2)}$$

$$= \frac{r_1 V_1 + r_2 V_2}{r_1 + r_2} [\text{V}]$$

⇩

반지름이 r_1, r_2인 두 구가 V_1, V_2 전압으로 충전되어 있다.
두 구를 가느다란 도선으로 연결시 전압

③ 병렬시 (새로운) 전하량 = 정전용량 × (병렬시) 전압

$$Q_1 = C_1 V_1 \qquad Q_2 = C_2 V_2$$
$$Q_1' = C_1 V \qquad Q_2' = C_2 V$$

04 정전 용량($C = \dfrac{Q}{V}$)

(1) 고립 도체구

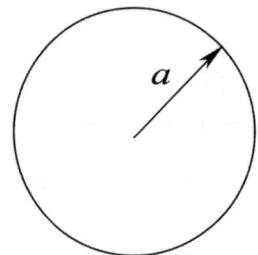

$$C = \frac{Q}{V} = \frac{Q}{\dfrac{Q}{4\pi\epsilon_0 a}} = 4\pi\epsilon_0 a \,[\text{F}]$$

(2) 동심구

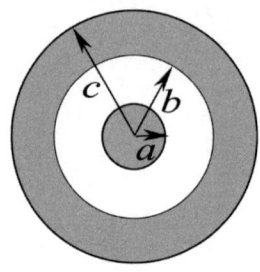

- A 도체에만 $Q[\text{C}]$의 전하를 준 경우 A 도체의 전위 $[V_A]$

$$V_A = \int_a^b E dx + \int_c^\infty E dx$$

$$= \int_a^b \frac{Q}{4\pi\epsilon_0 x^2}dx + \int_c^\infty \frac{Q}{4\pi\epsilon_0 x^2}dx$$

$$= \frac{Q}{4\pi\epsilon_0}\left\{[-\frac{1}{x}]_b^a + [-\frac{1}{c}]_c^\infty\right\}$$

$$= \frac{Q}{4\pi\epsilon_0}\left\{[-\frac{1}{b}+\frac{1}{a}] + [-\frac{1}{\infty}+\frac{1}{c}]\right\}$$

$$= \frac{Q}{4\pi\epsilon_0}(\frac{1}{a}-\frac{1}{b}+\frac{1}{c})[\mathrm{V}]$$

- A도체에 $+Q[\mathrm{C}]$, B도체에 $-Q[\mathrm{C}]$의 전하를 준 경우

$$V_A = \int_a^b E dx + \int_c^\infty E dx \Rightarrow c \sim \infty \text{구간 } E=0$$

$$= \int_a^b \frac{Q}{4\pi\epsilon_0 x^2}dx$$

$$= \frac{Q}{4\pi\epsilon_0}[-\frac{1}{x}]_a^b$$

$$= \frac{Q}{4\pi\epsilon_0}(-\frac{1}{b}+\frac{1}{a})$$

$$= \frac{Q}{4\pi\epsilon_0}(\frac{1}{a}-\frac{1}{b})$$

$$C = \frac{Q}{V_A} = \frac{4\pi\epsilon_0}{\dfrac{1}{a}-\dfrac{1}{b}}[\mathrm{F}] \quad (a < b)$$

(3) 동축 원통($a < b$)

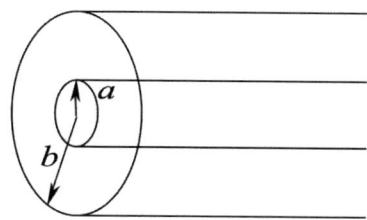

$$C = \frac{\lambda}{2\pi\epsilon_0 r} \qquad V = \int_a^b E dx$$

$$= \int_a^b \frac{\lambda}{2\pi\epsilon_0 x} dx$$

$$= \frac{\lambda}{2\pi\epsilon_0} [\ell n x]_a^b$$

$$= \frac{\lambda}{2\pi\epsilon_0} (\ell n b - \ell n a)$$

$$= \frac{\lambda}{2\pi\epsilon_0} \ell n \frac{b}{a} [\text{V}]$$

$$C = \frac{Q}{V} [\text{F}]$$

단위 길이당 정전 용량

$$C = \frac{\lambda}{V} [\text{F/m}] = \frac{2\pi\epsilon_0}{\ell n \frac{b}{a}} [\text{F/m}] \quad (a < b)$$

(4) 평행 도선

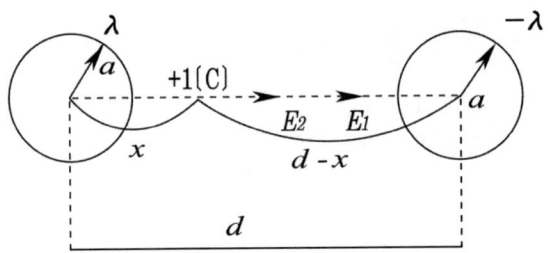

$$E = E_1 + E_2$$

$$= \frac{\lambda}{2\pi\epsilon_0 x} + \frac{\lambda}{2\pi\epsilon_0 (d-x)}$$

$$V = \int_a^{d-a} E dx$$

$$= \int_a^{d-a} \frac{\lambda}{2\pi\epsilon_0} (\frac{1}{x} + \frac{1}{d-x}) dx$$

$$= \frac{\lambda}{2\pi\epsilon_0} [\ell n x - \ell n (d-x)]_a^{d-a}$$

$$= \frac{\lambda}{2\pi\epsilon_0} [\ell n \frac{d-a}{a} - \ell n \frac{a}{d-a}]$$

$$= \frac{\lambda}{2\pi\epsilon_0}[\ell n \frac{d-a}{a} + \ell n (\frac{a}{d-a})^{-1}]$$

$$= \frac{\lambda}{2\pi\epsilon_0}[\ell n \frac{d-a}{a} + \ell n \frac{d-a}{a}]$$

$$= \frac{\lambda}{2\pi\epsilon_0} \ell n (\frac{d-a}{a})^2$$

$$= \frac{\lambda}{\pi\epsilon_0} \ell n \frac{d-a}{a} \quad \Rightarrow \quad d-a(d \gg a) = d$$

$$= \frac{\lambda}{\pi\epsilon_0} \ell n \frac{d}{a}$$

$$C = \frac{\lambda}{V} = \frac{\pi\epsilon_0}{\ell n \frac{d}{a}} \ [\text{F/m}]$$

(5) 평행판 도체(콘덴서)

$$C = \frac{Q}{V}$$
$$= \frac{D \cdot S}{V} = \frac{\epsilon_0 E \cdot S}{V}$$
$$= \frac{\epsilon_0 \frac{V}{d} \cdot S}{V}$$
$$= \frac{\epsilon_0 \cdot S}{d} [\text{F}]$$

05 콘덴서 축적 에너지(도체)

$$W = \int P dt$$
$$= \int VI dt$$
$$= \int VC \frac{dv}{dt} dt$$
$$= \int VC dV$$

$$= C \cdot \frac{1}{2} V^2$$

$$= \frac{1}{2} CV^2 [J] \quad \Rightarrow \quad Q = CV$$

$$= \frac{(CV)^2}{2C} = \frac{Q^2}{2C}$$

$$= \frac{1}{2}(CV)V = \frac{1}{2} QV$$

(1) 전압 일정시

$$W = \frac{1}{2} CV^2 = \frac{\epsilon_0 S}{2d} V^2 [J] \quad \Rightarrow \quad C = \frac{\epsilon_0 S}{d} \text{ 대입}$$

전압 일정시
- 병렬 연결시
- 일정 전압을 가하고 있다.
- 일정 전압으로 충전하고 있는 동안

(2) 전하량 일정시

$$W = \frac{Q^2}{2C} = \frac{dQ^2}{2\epsilon_0 S} [J] \quad \Rightarrow \quad C = \frac{\epsilon_0 S}{d} \text{ 대입}$$

전하량 일정시
- 직렬 연결시
- 전원을 제거한 후
- 충전이 끝난 후

(3) $W = \frac{1}{2} QV [J]$

ps) $\dfrac{\partial}{\partial d} \dfrac{1}{d} = -\dfrac{1}{d^2}$

$\dfrac{\partial}{\partial d} d = 1$

※ 정전력
   (전압 일정시)
   $$F = \frac{\partial W}{\partial d} = \frac{\partial}{\partial d}\left(\frac{1}{2}CV^2\right)$$
   $$= \frac{\partial}{\partial d}\left(\frac{\epsilon_0 S}{2d}V^2\right)$$
   $$= -\frac{\epsilon_0 S}{2d^2}V^2 [\text{N}]$$

   (전하량 일정시)
   $$F = \frac{\partial W}{\partial d} = \frac{\partial}{\partial d}\left(\frac{Q^2}{2C}\right)$$
   $$= \frac{\partial}{\partial d}\left(\frac{dQ^2}{2\epsilon_0 S}\right)$$
   $$= \frac{Q^2}{2\epsilon_0 S} [\text{N}]$$

※ 콘덴서 병렬 연결시 에너지는 감소   ⇒ $W(\text{후}) < W_1 + W_2(\text{전})$
   비누방울이 합쳐질 때 에너지는 증가 ⇒ $W(\text{후}) > W_1 + W_2(\text{전})$

   ex. 각각 $Q[\text{C}]$로 대전된 비누방울이 합쳐질 때 에너지는 증가

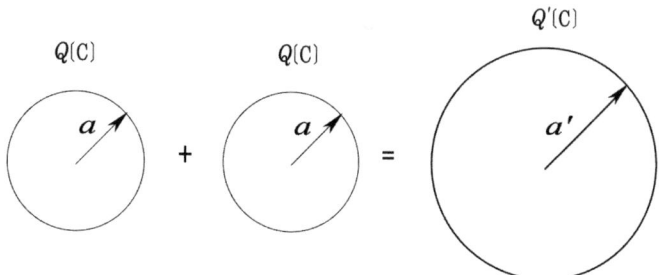

- 합치기 전 $W_1 + W_2 = \frac{1}{2}QV + \frac{1}{2}QV$
  $$= QV$$
  $$= Q \cdot \frac{Q}{4\pi\epsilon_0 a}$$
  $$= \frac{Q^2}{4\pi\epsilon_0 a}$$

- 합친 후 $W = \dfrac{1}{2}Q'V'$

$$= \dfrac{1}{2} \times 2Q \times \dfrac{2Q}{4\pi\epsilon_0 a'} = \dfrac{2Q^2}{4\pi\epsilon_0 \cdot \sqrt[3]{2}a}$$

합치기 전 체적 = 합친 후 체적

$\dfrac{4}{3}\pi a^3 \times 2 = \dfrac{4}{3}\pi a'^3$

$\therefore a' = \sqrt[3]{2}\,a$

- 합친 후(W) − 합치기 전$(W_1 + W_2)$

$= \dfrac{2Q^2}{4\pi\epsilon_0 \sqrt[3]{2}\,a} - \dfrac{Q^2}{4\pi\epsilon_0 a}$

$= \dfrac{Q^2}{4\pi\epsilon_0 a}\left(\dfrac{2}{\sqrt[3]{2}} - 1\right)$

$= \dfrac{Q^2}{4\pi\epsilon_0 a}(2^{\frac{2}{3}} - 1) > 0$

CHAPTER 03 출제예상문제

01 엘라스턴스(elastance)란?

① $\dfrac{1}{\text{전위차} \times \text{전기량}}$
② 전위차 × 전기량
③ $\dfrac{\text{전위차}}{\text{전기량}}$
④ $\dfrac{\text{전기량}}{\text{전위차}}$

해설

엘라스턴스 $= \dfrac{1}{\text{정전용량}} = \dfrac{\text{전위차}}{\text{전기량}}$ [daraf]

$[\text{daraf}] = \left[\dfrac{1}{\text{F}}\right] = \left[\dfrac{\text{V}}{\text{C}}\right]$

02 도체계의 전위 계수의 설명 중 옳지 않은 것은?

① $P_{rr} \geqq P_{rs}$
② $P_{rr} < 0$
③ $P_{rs} \geqq 0$
④ $P_{rs} = P_{sr}$

해설 Chapter – 03 – **01**

$P_{rr} > 0$

03 도체 Ⅰ, Ⅱ 및 Ⅲ이 있을 때 도체 Ⅱ가 도체 Ⅰ에 완전 포위되어 있음을 나타내는 것은?

① $P_{11} = P_{21}$
② $P_{11} = P_{31}$
③ $P_{11} = P_{33}$
④ $P_{12} = P_{22}$

해설 Chapter – 03 – **01**

① $P_{11} = P_{21}$: 2도체가 1도체에 속해 있다.
② $P_{11} = P_{31}$: 3도체가 1도체에 속해 있다.
③ $P_{11} = P_{33}$: 1도체와 3도체의 반지름이 같은 경우
④ $P_{21} = P_{22}$: 1도체가 2도체에 속해 있다.

정답 01 ③ 02 ② 03 ①

04 진공 중에서 떨어져 있는 두 도체 A, B가 있다. A에만 1[C]의 전하를 줄 때 도체 A, B의 전위가 각각 3, 2[V]였다. 지금 A, B에 각각 2, 1[C]의 전하를 주면 도체 A의 전위[V]는?

① 6 ② 7 ③ 8 ④ 9

해설 Chapter – 03 – **01**

$V_1 = P_{11}Q_1 + P_{12}Q_2$
$V_2 = P_{21}Q_1 + P_{22}Q_2$

$Q_1 = 1[C]$, $Q_2 = 0$일 때
$V_1 = 3$, $V_2 = 2$
$3 = P_{11} \cdot 1 \Rightarrow P_{11} = 3$
$2 = P_{21} \cdot 1 \Rightarrow P_{21} = P_{12} = 2$

$Q_1' = 2[C]$, $Q_2' = 1[C]$일 때 $V_1' = ?$
$\therefore V_1' = P_{11}Q_1' + P_{12}Q_2' = 3 \times 2 + 2 \times 1 = 8[V]$

05 각각 $\pm Q$[C]으로 대전된 두 개의 도체 간의 전위차를 전위 계수로 표시하면?

① $(P_{11} + P_{12} + P_{22})Q$
② $(P_{11} + 2P_{12} + P_{22})Q$
③ $(P_{11} - P_{12} + P_{22})Q$
④ $(P_{11} - 2P_{12} + P_{22})Q$

해설 Chapter – 03 – **01**

Q[C]으로 대전된 도체의 전위를 V_1, $-Q$[C]으로 대전된 도체의 전위를 V_2라 하면 $Q_1 = Q$, $Q_2 = -Q$에 대입하면
$V_1 = P_{11}Q_1 + P_{12}Q_2 = P_{11}Q - P_{12}Q$
$V_2 = P_{21}Q_1 + P_{22}Q_2 = P_{21}Q - P_{22}Q$
두 도체 간의 전위차 V는
$\therefore V = V_1 - V_2$
$= (P_{11}Q - P_{12}Q) - (P_{21}Q - P_{22}Q)$
$= (P_{11}Q - P_{12}Q - P_{21}Q + P_{22}Q)$
$= (P_{11} - 2P_{12} + P_{22})Q$[V] $(P_{12} = P_{21})$

정답 04 ③ 05 ④

06 2개의 도체를 $+Q[C]$과 $-Q[C]$으로 대전했을 때 이 두 도체 간의 정전 용량을 전위 계수로 표시하였을 때 옳은 것은? (단, 두 도체의 전위를 V_1, V_2로 하고 다른 모든 도체의 전위는 0이 된다.)

① $\dfrac{1}{P_{11}+2P_{12}+P_{22}}$
② $\dfrac{1}{P_{11}+2P_{12}-P_{22}}$
③ $\dfrac{1}{P_{11}-2P_{12}-P_{22}}$
④ $\dfrac{1}{P_{11}-2P_{12}+P_{22}}$

해설 Chapter - 03 - **01**
$Q_1 = Q[C]$, $Q_2 = -Q[C]$을 대입하면
$V_1 = P_{11}Q_1 + P_{12}Q_2 = P_{11}Q - P_{12}Q$
$V_2 = P_{21}Q + P_{22}Q_2 = P_{21}Q - P_{22}Q$
$\therefore V = V_1 - V_2 = (P_{11} - 2P_{12} + P_{22})Q$
전위 계수로 표시한 정전 용량 C는
$C = \dfrac{Q}{V} = \dfrac{Q}{V_1 - V_2} = \dfrac{1}{P_{11} - 2P_{12} + P_{22}}$ [F]

07 여러 가지 도체의 전하 분포에 있어 각 도체의 전하를 n배 하면 중첩의 원리가 성립하기 위해서는 그 전위는 어떻게 되는가?

① $\dfrac{1}{2}n$배가 된다.
② n배가 된다.
③ $2n$배가 된다.
④ n^2배가 된다.

해설 Chapter - 03 - **01**
전위는 전하량에 비례하므로 $nV = nQ$

08 용량계수와 유도계수의 설명 중 옳지 않은 것은?

① 유도계수는 항상 0이거나 0보다 작다.
② 용량계수는 항상 0보다 크다.
③ $q_{11} \geq -(q_{21} + q_{31} + \cdots\cdots + q_{n1})$
④ 용량계수와 유도계수는 항상 0보다 크다.

해설 Chapter - 03 - **02**
$q_{rr} > 0$ (용량계수)
$q_{rs} = q_{sr} \leq 0$ (유도계수)

정답 06 ④ 07 ② 08 ④

09 그림과 같이 도체 1을 도체 2로 포위하여 도체 2를 일정전위로 유지하고, 도체 1과 도체 2의 외측에 도체 3이 있을 때 용량계수 및 유도계수의 성질 중 맞는 것은?

① $q_{21} = -q_{11}$

② $q_{31} = q_{11}$

③ $q_{13} = -q_{11}$

④ $q_{23} = q_{11}$

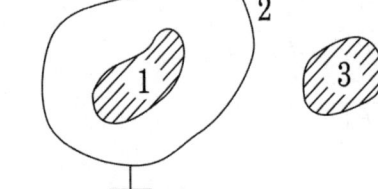

해설 Chapter - 03 - 02
$q_{11} = -q_{12}$, $q_{12} = -q_{11}$
$q_{11} = -q_{21}$에서 $q_{21} = -q_{11}$

10 절연된 두 도체가 있을 때, 그 두 도체의 정전 용량을 각각 $C_1[F]$, $C_2[F]$, 그 사이의 상호 유도계수를 M이라 한다. 지금 두 도체를 가는 도선으로 연결하면 그 정전 용량[F]은?

① $C_1 + C_2 + 2M$

② $C_1 + C_2 - 2M$

③ $\dfrac{2M}{C_1 + C_2}$

④ $\dfrac{2M}{C_1 - C_2}$

해설 Chapter - 03 - 02
$Q_1 = q_{11}V_1 + q_{12}V_2$ [F]
$Q_2 = q_{21}V_1 + q_{22}V_2$ [F]
식에서 $q_{11} = C_1$, $q_{22} = C_2$ $q_{12} = q_{21} = M$이고, $V_1 = V_2 = V$을 대입하면
$Q_1 = (q_{11} + q_{12})V = (C_1 + M)V$ [C]
$Q_2 = (q_{21} + q_{22})V = (M + C_2)V$ [C]
가 되어, 구하는 정전 용량 C는
$C = \dfrac{Q_1 + Q_2}{V} = \dfrac{(C_1 + M)V + (M + C_2)V}{V} = C_1 + C_2 + 2M$

정답 09 ① 10 ①

11 내압 1000[V] 정전 용량 3[μF], 내압 500[V] 정전 용량 5[μF], 내압 250[V] 정전 용량 6[μF]의 3콘덴서를 직렬로 접속하고 양단에 가한 전압을 서서히 증가시키면 최초로 파괴되는 콘덴서는?

① 3[μF]
② 5[μF]
③ 6[μF]
④ 동시에 파괴된다.

해설 Chapter − 03 − **03** − (1)

각 콘덴서에 축적할 수 있는 전하량은?

$Q_1 = C_1 V_1 = 3 \times 10^{-6} \times 1000 = 3 \times 10^{-3}$[C]

$Q_2 = C_2 V_2 = 5 \times 10^{-6} \times 500 = 2.5 \times 10^{-3}$[C]

$Q_3 = C_3 V_3 = 6 \times 10^{-6} \times 250 = 1.5 \times 10^{-3}$[C]

직렬 연결일 때 축적되는 전하량이 일정하므로 전하량이 가장 작은 $C_3(6[\mu F])$가 가장 먼저 절연 파괴되고 가장 큰 $C_1(3[\mu F])$이 가장 늦게 파괴된다.

12 내압이 1[kV]이고, 용량이 0.01[μF], 0.02[μF], 0.04[μF]인 3개의 콘덴서를 직렬로 연결하였을 때 전체 내압은 몇 [V]가 되는가?

① 1,750
② 1,950
③ 3,500
④ 7,000

해설 Chapter − 03 − **03** − (1)

$Q_1 = C_1 V_1 = 10[\mu C]$

$Q_2 = C_2 V_2 = 20[\mu C]$

$Q_3 = C_3 V_3 = 40[\mu C]$

$Q_1 < Q_2 < Q_3$

C_1 콘덴서가 먼저 파괴

$V_1 = \dfrac{\dfrac{1}{C_1}}{\dfrac{1}{C_1} + \dfrac{1}{C_2} + \dfrac{1}{C_3}} V$

$V = \dfrac{\dfrac{1}{C_1} + \dfrac{1}{C_2} + \dfrac{1}{C_3}}{\dfrac{1}{C_1}} V_1 = \dfrac{\dfrac{1}{0.01} + \dfrac{1}{0.02} + \dfrac{1}{0.04}}{\dfrac{1}{0.01}} \times 1,000 = 1,750[V]$

정답 11 ③ 12 ①

13 1[μF]의 콘덴서를 80[V], 2[μF]의 콘덴서를 50[V]로 충전하고 이들을 병렬로 연결할 때의 전위차는 몇 [V]인가?

① 75   ② 70
③ 65   ④ 60

해설 Chapter − 03 − **03** − (2)

$$V = \frac{C_1 V_1 + C_2 V_2}{C_1 + C_2} = \frac{1 \times 80 + 2 \times 50}{1 + 2} = 60[V]$$

14 상당한 거리를 가진 두 개의 절연구가 있다. 그 반지름은 각각 2[m] 및 4[m]이다. 이 전위를 각각 2[V] 및 4[V]로 한 후 가는 도선으로 두 구를 연결하면 전위[V]는?

① 0.3   ② 1.3
③ 2.3   ④ 3.3

해설 Chapter − 03 − **03** − (2)
공통전위

$$V = \frac{C_1 V_1 + C_2 V_2}{C_1 + C_2} = \frac{4\pi\epsilon_0 r_1 V_1 + 4\pi\epsilon_0 r_2 V_2}{4\pi\epsilon_0 r_1 + 4\pi\epsilon_0 r_2} = \frac{r_1 V_1 + r_2 V_2}{r_1 + r_2}$$

$$= \frac{2 \times 2 + 4 \times 4}{2 + 4} = 3.3[V]$$

15 1[μF]의 정전 용량을 가진 구의 반지름[km]은?

① 9×10^3 ② 9
③ 9×10^{-3} ④ 9×10^{-6}

해설 Chapter − 03 − **04** − (1)

$C = 4\pi\epsilon_0 a$

$\therefore a = \dfrac{C}{4\pi\epsilon_0} = 9 \times 10^9 C = 9 \times 10^9 \times 1 \times 10^{-6} = 9 \times 10^3 [m] = 9[km]$

정답 13 ④　14 ④　15 ②

16 동심구형 콘덴서의 내외 반지름을 각각 10배로 증가시키면 정전 용량은 몇 배로 증가하는가?

① 5　　　　② 10　　　　③ 20　　　　④ 100

해설 Chapter − 03 − **04** − (2)

$$C = \frac{4\pi\varepsilon_0}{\frac{1}{a} - \frac{1}{b}}$$

$$C' = \frac{4\pi\varepsilon_0}{\frac{1}{10}\left(\frac{1}{a} - \frac{1}{b}\right)} = 10\,C$$

17 그림과 같은 두 개의 동심구로 된 콘덴서의 정전 용량[F]은?

① $2\pi\varepsilon_0$
② $4\pi\varepsilon_0$
③ $8\pi\varepsilon_0$
④ $16\pi\varepsilon_0$

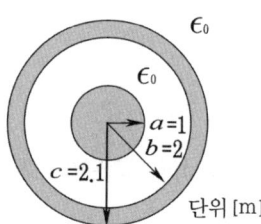

단위 [m]

해설 Chapter − 03 − **04** − (2)

$$C = \frac{4\pi\epsilon_0}{\frac{1}{a} - \frac{1}{b}} = \frac{4\pi\epsilon_0}{1 - \frac{1}{2}} = 8\pi\epsilon_0$$

18 반지름 $a > b$[m]인 동심 도체구의 정전 용량[F]은? (단, 내구 절연, 외구 접지일 때이다.)

① $4\pi\varepsilon_0 a$
② $\dfrac{4\pi\varepsilon_0\,a\,b}{a - b}$
③ $\dfrac{1}{4\pi\varepsilon_0} \times \dfrac{a\,b}{a - b}$
④ $\dfrac{1}{4\pi\varepsilon_0} \times \dfrac{a - b}{a\,b}$

해설 Chapter − 03 − **04** − (2)

$a > b$인 경우이므로

$$C = \frac{4\pi\varepsilon_0}{\frac{1}{b} - \frac{1}{a}} = \frac{4\pi\varepsilon_0 ab}{a - b}\,[\text{V}]$$

정답　16 ②　17 ③　18 ②

19 그림과 같이 동심구에서 도체 A에 Q[C]을 줄 때 도체 A의 전위[V]는?
(단, 도체 B의 전하는 0이다.)

① $\dfrac{Q}{4\pi\varepsilon_0}\dfrac{}{C}$

② $\dfrac{Q}{4\pi\varepsilon_0}\left[\dfrac{1}{a}-\dfrac{1}{b}\right]$

③ $\dfrac{Q}{4\pi\varepsilon_0}\left[\dfrac{1}{a}+\dfrac{1}{b}\right]$

④ $\dfrac{Q}{4\pi\varepsilon_0}\left[\dfrac{1}{a}-\dfrac{1}{b}+\dfrac{1}{c}\right]$

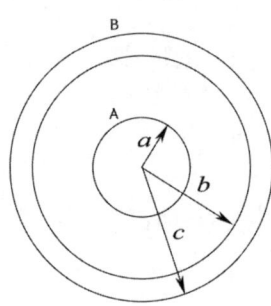

해설 Chapter – 03 – **04** – (2)
$V = \dfrac{Q}{4\pi\varepsilon_0}\left[\dfrac{1}{a}-\dfrac{1}{b}+\dfrac{1}{c}\right]$ [V]

20 내원통 반지름 10[cm], 외원통 반지름 20[cm]인 동축 원통 도체의 정전 용량[pF/m]은?

① 100 ② 90 ③ 80 ④ 70

해설 Chapter – 03 – **04** – (3)
$C = \dfrac{2\pi\varepsilon_0}{\ln\dfrac{b}{a}} \times 10^{12} = \dfrac{2\pi\varepsilon_0}{\ln\dfrac{0.2}{0.1}} \times 10^{12} = \dfrac{2\pi\varepsilon_0}{\ln 2} \times 10^{12} = 80[\text{pF/m}]$

21 반지름 a[m], 선간 거리 d[m]인 평행 도선 간의 정전 용량[F/m]은? (단, $d \gg a$이다.)

① $\dfrac{2\pi\varepsilon_0}{\log\dfrac{d}{a}}$

② $\dfrac{1}{2\pi\varepsilon_0\log\dfrac{d}{a}}$

③ $\dfrac{1}{2\varepsilon_0\log\dfrac{d}{a}}$

④ $\dfrac{\pi\varepsilon_0}{\log\dfrac{d}{a}}$

해설 Chapter – 03 – **04** – (4)
$C = \dfrac{\pi\varepsilon_0}{\ln\dfrac{d}{a}}$ [F/m] 여기서 $\ln = \log = 2.303\log_{10}$

정답 19 ④ 20 ③ 21 ④

22 간격 d[m]인 무한히 넓은 평행판의 단위면적당 정전 용량[F/m²]은? (단, 매질은 공기라 한다.)

① $\dfrac{1}{4\pi\varepsilon_0 d}$ ② $\dfrac{4\pi\varepsilon_0}{d}$ ③ $\dfrac{\varepsilon_0}{d}$ ④ $\dfrac{\varepsilon_0}{d^2}$

해설 Chapter – 03 – **04** – (5)
$C = \dfrac{\varepsilon_0 S}{d}$ 단위면적당 정전 용량이므로 $C_0 = \dfrac{C}{S} = \dfrac{\varepsilon_0}{d}$ [F/m²]

23 평행판 콘덴서의 양극판 면적을 3배로 하고 간격을 1/2배로 하면 정전 용량은 처음의 몇 배가 되는가?

① 3/2 ② 2/3 ③ 1/6 ④ 6

해설 Chapter – 03 – **04** – (5)
면적 S_1, 간격 d_1인 평행판 콘덴서의 정전 용량을 C_1이라 하면
$C_1 = \dfrac{\varepsilon_0}{d_1} S_1$
$d = \dfrac{1}{2} d_1$, $S = 3S_1$이므로 구하는 정전 용량 C는
$\therefore C = \dfrac{\varepsilon_0}{\dfrac{1}{2} d_1} \cdot 3S_1 = 6\dfrac{\varepsilon_0}{d_1} S_1 = 6C_1$이므로 6배가 된다.

24 콘덴서의 전위차와 축적되는 에너지와의 그림으로 나타내면 다음의 어느 것인가?

① 쌍곡선 ② 타원 ③ 포물선 ④ 직선

해설 Chapter – 03 – **05**

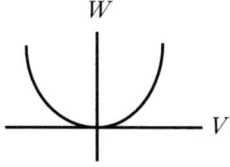

$W = \dfrac{Q^2}{2C} = \dfrac{1}{2} QV = \dfrac{1}{2} CV^2$ [J]
$= k \cdot V^2$

정답 22 ③ 23 ④ 24 ③

25 3[μF]의 콘덴서 9×10^{-4}[C]의 전하를 저축할 때의 정전 에너지[J]는?

① 0.135　　② 1.35　　③ 1.22×10^{-12}　　④ 1.35×10^{-7}

해설 Chapter - 03 - **05**
$$W = \frac{Q^2}{2C} = \frac{(9 \times 10^{-4})^2}{2 \times (3 \times 10^{-6})} = \frac{81 \times 10^{-2}}{6} = 0.135[J]$$

26 정전 용량 1[μF], 2[μF]의 콘덴서에 각각 2×10^{-4}[C] 및 3×10^{-4}[C]의 전하를 주고 극성을 같게 하여 병렬로 접속할 때 콘덴서에 축적된 에너지[J]는 얼마인가?

① 약 0.025　　② 약 0.303　　③ 약 0.042　　④ 약 0.525

해설 Chapter - 03 - **05**
병렬연결 : $C_0 = C_1 + C_2 = 3 \times 10^{-6}$
$Q_0 = Q_1 + Q_2 = 5 \times 10^{-4}$
$$\therefore W = \frac{Q_0^2}{2C_0} = \frac{(5 \times 10^{-4})^2}{2 \times 3 \times 10^{-6}} = 0.042[J]$$

27 그림에서 단자 ab 간에 V의 전위차를 인가할 때 C_1의 에너지는?

① $\dfrac{C_1 V^2}{2} \cdot \left(\dfrac{C_1 + C_2}{C_0 + C_1 + C_2}\right)^2$

② $\dfrac{C_1 V^2}{2} \cdot \left(\dfrac{C_0}{C_0 + C_1 + C_2}\right)^2$

③ $\dfrac{C_1 V^2}{2} \cdot \dfrac{C_0(C_1 + C_2)}{(C_0 + C_1 + C_2)^2}$

④ $\dfrac{C_1 V^2}{2} \cdot \dfrac{C_0^2 + C_2}{(C_0 + C_1 + C_2)}$

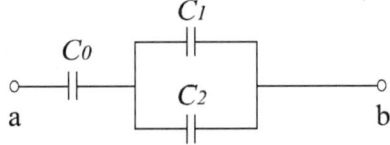

해설 Chapter - 03 - **05** - (3)
등가회로를 그리면

$V_1 = \dfrac{C_0}{C_0 + C_1 + C_2} \times V$ 이므로

$W = \dfrac{1}{2} C_1 V_1^2 = \dfrac{1}{2} C_1 \left(\dfrac{C_0}{C_0 + C_1 + C_2} \cdot V\right)^2$

정답 25 ①　26 ③　27 ②

28 공기 중에 고립된 지름 1[m]인 반구 도체를 10^6[V]로 충전한 다음, 이 에너지를 10^{-5}초 사이에 방전한 경우의 평균 전력[kW]은?

① 700　　② 1,389　　③ 2,780　　④ 5,560

해설

고립된 반구 도체구의 정전 용량 C는 공기 중에서 $C = \dfrac{4\pi\epsilon_0 a}{2} = 2\pi\epsilon_0 a$ [F]

에너지 $W = P \cdot t = \dfrac{1}{2}CV^2$에서 $P = \dfrac{W}{t} = \dfrac{\frac{1}{2}CV^2}{t}$

$= \dfrac{\frac{1}{2} \times 2\pi \times 8.855 \times 10^{-12} \times 0.5 \times (10^6)^2 \times 10^{-3}}{10^{-5}} = 1,389$ [kW]

29 W_1과 W_2의 에너지를 갖는 두 콘덴서를 병렬로 연결한 경우의 총 에너지 W와의 관계로 옳은 것은?

① $W_1 + W_2 = W$　　② $W_1 + W_2 > W$
③ $W_1 + W_2 < W$　　④ $W_1 - W_2 = W$

해설 Chapter - 03 - 05 - (5)
콘덴서를 병렬로 연결하면 에너지는 감소한다.

30 내압이 2.0[kV]이고 정전용량이 각각 0.01[μF], 0.02[μF], 0.04[μF]인 3개의 커패시터를 직렬로 연결했을 때 전체 내압은 몇 V인가?

① 1,750　　② 2,000　　③ 3,500　　④ 4,000

해설 Chapter 03 - 03 - (1)
콘덴서의 직렬 연결 시 내압

$V = \dfrac{\frac{1}{C_1} + \frac{1}{C_2} + \frac{1}{C_3}}{\frac{1}{C_1}} V_1$ 이 된다. 여기서 C_1이 먼저 파괴되는 것을 말한다.

$= \dfrac{\frac{1}{0.01} + \frac{1}{0.02} + \frac{1}{0.04}}{\frac{1}{0.01}} \times 2 \times 10^3 = 3,500$ [V]

정답 28 ②　29 ②　30 ③

31 진공 중에 서로 떨어져 있는 두 도체 A, B가 있다. 도체 A에만 1[C]의 전하를 줄 때, 도체, A, B의 전위가 각각 3[V], 2[V]이었다. 지금 도체 A, B에 각각 1[C]과 2[C]의 전하를 주면 도체 A의 전위는 몇 [V]인가?

① 6   ② 7   ③ 8   ④ 9

해설 Chapter 03 – 01
전위계수
A도체의 전위계수 $V_1 = P_{11}Q_1 + P_{12}Q_2$ [V]
B도체의 전위계수 $V_2 = P_{21}Q_1 + P_{22}Q_2$ [V]
여기서 A, B에 각각 1[C], 2[C]의 전하를 주면 (단, $P_{11}=3, P_{12}=2$ 라고 주어졌으므로)
$V_1 = 3 \times 1 + 2 \times 2 = 7$ [V]

32 간격이 3[cm]이고 면적이 30[cm^2]인 평판의 공기 콘덴서에 220[V]의 전압을 가하면 두 판 사이에 작용하는 힘은 약 몇 [N]인가?

① 6.3×10^{-6} ② 7.14×10^{-7} ③ 8×10^{-5} ④ 5.75×10^{-4}

해설 Chapter 03 – 05 – (3)

$$F = \frac{\partial W}{\partial d} = \frac{W}{d} = \frac{\varepsilon_0 S V^2}{2d^2}$$

$$= \frac{8.855 \times 10^{-12} \times 30 \times 10^{-4} \times 220^2}{2 \times (3 \times 10^{-2})^2}$$

$$= 7.14 \times 10^{-7} [N]$$

$C = \frac{\varepsilon_0 S}{d}$ [F], $W = \frac{1}{2}CV^2 = \frac{\varepsilon_0 S V^2}{2d}$ [J]

33 내부 원통의 반지름이 a, 외부 원통의 반지름이 b인 동축 원통 콘덴서의 내외 원통 사이에 공기를 넣었을 때 정전용량이 C_1이었다. 내외 반지름을 모두 3배로 증가시키고 공기 대신 비유전율이 3인 유전체를 넣었을 경우의 정전용량 C_2는?

① $C_2 = \frac{C_1}{9}$ ② $C_2 = \frac{C_1}{3}$ ③ $C_2 = 3C_1$ ④ $C_2 = 9C_1$

해설 Chapter 03 – 04 – (3)
원주일 경우 정전용량
$C = \frac{2\pi\varepsilon\ell}{\ln\frac{b}{a}}$ $C_1 = \frac{2\pi\varepsilon_0\ell}{\ln\frac{b}{a}}$ $C_2 = \frac{2\pi\varepsilon_0\varepsilon_s\ell}{\ln\frac{3b}{3a}}$ $C_2 = 3C_1$

정답 31 ② 32 ② 33 ③

chapter 04

유전체

04 유전체

유전체 : 도전율이 극히 나쁜 전기의 불량도체
σ(표면 전하 밀도, 자유 전하 밀도) = D(전속 밀도, 진전하 밀도)
σ'(분극 전하 밀도) = P(분극의 세기)

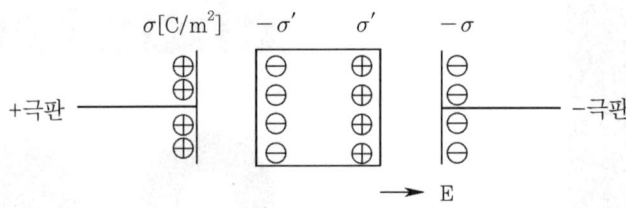

01 분극의 세기(분극도)

$$E = \frac{\sigma - \sigma'}{\epsilon_0} = \frac{\sigma - P}{\epsilon_0}$$

$\epsilon_0 E = \sigma - P$

$$P = \sigma - \epsilon_0 E$$
$$= \epsilon_0 \epsilon_s E - \epsilon_0 E = \epsilon_0(\epsilon_s - 1)E$$
$$= \chi E \Rightarrow \chi(\text{분극율}) = \epsilon_0(\epsilon_s - 1)[\text{F/m}]$$
$$= \epsilon_0 \epsilon_s E(1 - \frac{1}{\epsilon_s})$$
$$= D(1 - \frac{1}{\epsilon_s})[\text{C/m}^2]$$

$$P = \epsilon_0(\epsilon_s - 1)E$$
$$= \chi E \Rightarrow (\chi \text{ 분극율}) = \epsilon_0(\epsilon_s - 1)[\text{F/m}]$$
$$= D(1 - \frac{1}{\epsilon_s})[\text{C/m}^2]$$
$$= \frac{M[\text{c} \cdot \text{m}]}{v[\text{m}^3]}[\text{C/m}^2]$$

체적 ┌ 길이 ℓ, 반지름이 r인 원통 $v = \pi r^2 \ell [\text{m}^3]$
　　 └ 반지름이 r인 구 $v = \frac{4}{3}\pi r^3 [\text{m}^3]$

02 경계 조건

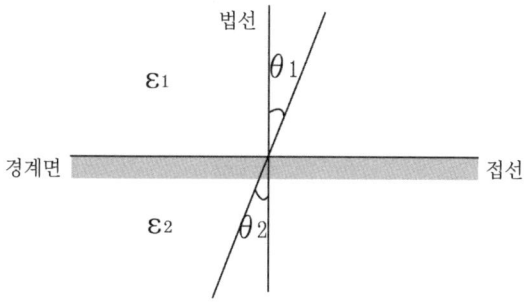

θ_1, θ_2 : 법선과 이루는 각
  θ_1 : 입사각
  θ_2 : 굴절각

(1) 전속 밀도의 법선 성분은 같다.

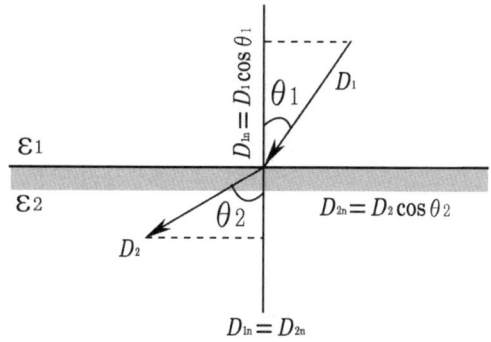

$$\cos\theta_1 = \frac{D_1{'}}{D_1}$$

$$\cos\theta_2 = \frac{D_2{'}}{D_2}$$

$$D_1{'} = D_2{'}$$

$$D_1\cos\theta_1 = D_2\cos\theta_2$$

(2) 전계의 접선 성분은 같다.

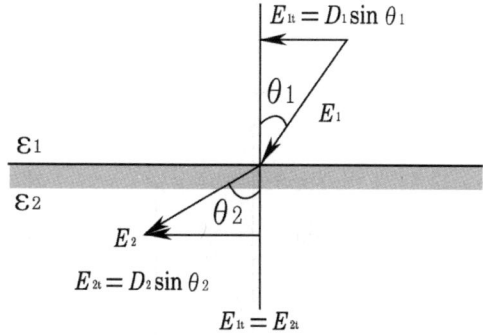

$$\sin\theta_1 = \frac{E_1{'}}{E_1}$$

$$\sin\theta_2 = \frac{E_2{'}}{E_2}$$

$$E_1{'} = E_2{'}$$

$$E_1\sin\theta_1 = E_2\sin\theta_2$$

(3) 굴절의 법칙

$$\frac{E_1\sin\theta_1}{D_1\cos\theta_1} = \frac{E_2\sin\theta_2}{D_2\cos\theta_2}$$

$$\frac{E_1\sin\theta_1}{\epsilon_1 E_1\cos\theta_1} = \frac{E_2\sin\theta_2}{\epsilon_2 E_2\cos\theta_2}$$

$$\frac{\tan\theta_1}{\epsilon_1} = \frac{\tan\theta_2}{\epsilon_2}$$

$$\frac{\epsilon_2}{\epsilon_1} = \frac{\tan\theta_2}{\tan\theta_1}$$

(4) $\epsilon_1 > \epsilon_2$일 때

$\epsilon_2\tan\theta_1 = \epsilon_1\tan\theta_2$
小 　大　 　大 　小
$\theta_1 > \theta_2$

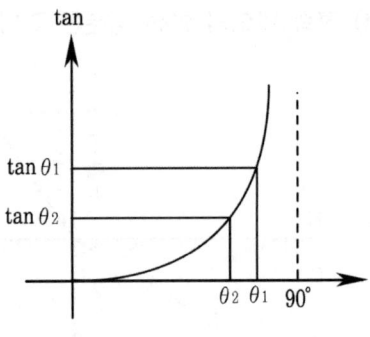

$D_1\cos\theta_1 = D_2\cos\theta_2$
大　 小　 小　 大
$D_1 > D_2$

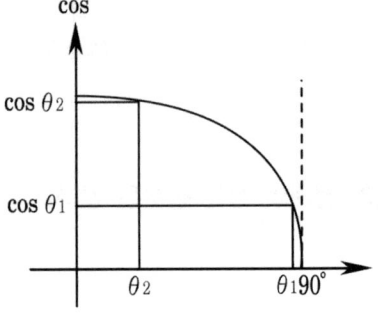

$E_1\sin\theta_1 = E_2\sin\theta_2$
小 　大 　大 　小
$E_1 < E_2$

$\therefore \epsilon_1 > \epsilon_2$
$\theta_1 > \theta_2$
$D_1 > D_2$
$E_1 < E_2$

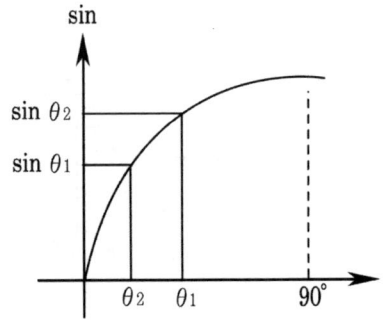

(5) 전계가 경계면에 수직한 경우

작용하는 힘$[N/m^2]$ $(\epsilon_1 > \epsilon_2)$

$\theta_1 = \theta_2 = 0$, $D_1\cos 0 = D_2\cos 0 \Rightarrow D_1 = D_2 = D$

$F = \dfrac{1}{2}\epsilon E^2 = \dfrac{D^2}{2\epsilon} = \dfrac{1}{2}ED[N/m^2]$에서

D(전속 밀도)가 일정하므로

$F = \dfrac{D^2}{2\epsilon}$ 사용

※ 작용하는 힘은 유전율이 큰 쪽에서 작은 쪽으로 작용

$F = \dfrac{1}{2}(\dfrac{1}{\epsilon_2} - \dfrac{1}{\epsilon_1})D^2[N/m^2]$

(6) 전계가 경계면에 평행한 경우

작용하는 힘$[N/m^2]$ $(\epsilon_1 > \epsilon_2)$

$\theta_1 = \theta_2 = 90$, $E_1\sin 90 = E_2\sin 90 \Rightarrow E_1 = E_2 = E$

E(전계)가 일정하므로

$F = \dfrac{1}{2}\epsilon E^2$ 사용

$F = \dfrac{1}{2}(\epsilon_1 - \epsilon_2)E^2[N/m^2]$

※ 전속선은 유전율이 큰 쪽으로 모이려는 성질이 있다.
전계(전기력선)는 유전율이 작은 쪽으로 모이려는 성질이 있다.

03 콘덴서 연결

(1) 직렬 연결 ⇒ 극판의 면적은 일정, 극판의 간격은 각각 나누어진다.

$C = \dfrac{C_1 C_2}{C_1 + C_2}$

$= \dfrac{\dfrac{\epsilon_1 S}{d_1} \times \dfrac{\epsilon_2 S}{d_2}}{\dfrac{\epsilon_1 S}{d_1} + \dfrac{\epsilon_2 S}{d_2}}$

$= \dfrac{\dfrac{\epsilon_1 \epsilon_2 S}{d_1 d_2}}{\dfrac{\epsilon_1 d_2 + \epsilon_2 d_1}{d_1 d_2}} = \dfrac{\epsilon_1 \epsilon_2 S}{\epsilon_1 d_2 + \epsilon_2 d_1}[F]$

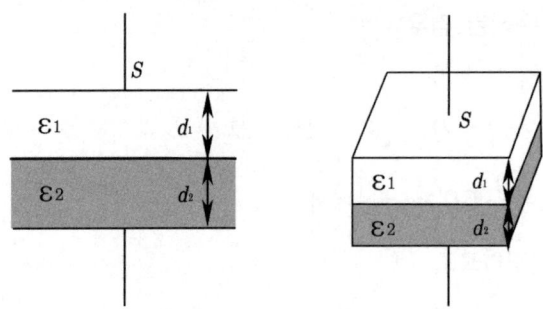

(2) 병렬 연결 ⇒ 극판의 간격은 일정, 극판의 면적은 각각 나누어진다.

$$C = C_1 + C_2$$
$$= \frac{\epsilon_1 S_1}{d} + \frac{\epsilon_2 S_2}{d}$$
$$= \frac{1}{d}(\epsilon_1 S_1 + \epsilon_2 S_2)[F]$$

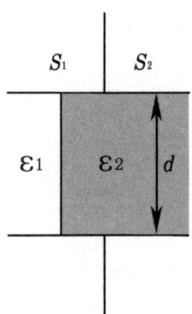 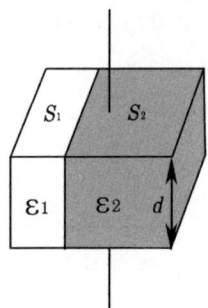

04 전속 밀도의 발산

$\nabla^2 V = -\dfrac{\rho}{\epsilon_0}$ 의 유도 과정

$$\int E ds = \frac{Q}{\epsilon_0} = \frac{\rho v}{\epsilon_0} \qquad \rho[c/m^3] : 체적 전하 밀도$$

$$\int E ds = \int \frac{\rho}{\epsilon_0} dv$$

$$\int div E dv = \int \frac{\rho}{\epsilon_0} dv \quad (가우스의 발산정리 이용 면적 ⇔ 체적)$$

↓

$$divE = \frac{\rho}{\epsilon_0}$$

$$div\epsilon_0 E = \rho$$

$$divD = \rho [\text{C/m}^3]$$

$$\nabla \cdot D$$

$$\nabla \cdot D = \rho$$

$$(\frac{\partial}{\partial x}i + \frac{\partial}{\partial y}j + \frac{\partial}{\partial z}k) \cdot (Dxi + Dyj + Dzk)$$

$$= \frac{\partial Dx}{\partial x} + \frac{\partial Dy}{\partial y} + \frac{\partial Dz}{\partial z}$$

$$\frac{\partial Dx}{\partial x} + \frac{\partial Dy}{\partial y} + \frac{\partial Dz}{\partial z} = \rho [\text{C/m}^3]$$

05 패러데이관

(1) 패러데이관 내의 전속수는 일정하다.
(2) 패러데이관 내의 양단에는 정, 부 단위 전하가 있다.
(3) 진 전하가 없는 점에서 패러데이관은 연속이다.
(4) 패러데이관의 밀도는 전속 밀도와 같다.
(5) 단위 전위차시 발생 에너지는 $\frac{1}{2}$[J]이다.

※ ϵ_s(비유전율)의 비례, 반비례 관계

① 비례 관계

정전 용량 $C = \frac{\epsilon_0 \epsilon_s S}{d} \propto \epsilon_s$

전하량 $Q = CV \propto \epsilon_s$ ⇒ V는 일정

② 반비례 관계

전압 $V = \frac{Q}{C} \propto \frac{1}{\epsilon_s}$ ⇒ Q는 일정

전계 $E = \frac{D}{\epsilon_0 \epsilon_s} \propto \frac{1}{\epsilon_s}$ ⇒ D는 일정

(단, 전압 일정시 $E = \frac{V}{d}$ 이므로 ϵ_s와 무관)

04 CHAPTER 출제예상문제

01 면적 $S[\text{m}^2]$, 극간 거리 $d[\text{m}]$인 평행한 콘덴서에 비유전율 ϵ_s의 유전체를 채운 경우의 정전용량은?

① $\dfrac{\epsilon_s S}{4\pi\epsilon_0 d}$ ② $\dfrac{4\pi\epsilon_0 d}{Sd}$ ③ $\dfrac{\epsilon_s S}{\epsilon_0 d}$ ④ $\dfrac{\epsilon_0 \epsilon_s S}{d}$

해설 Chapter – 03 – **04** – (5)
$C = \dfrac{\epsilon_0 \epsilon_s S}{d}$

02 전계 $E[\text{V/m}]$, 전속 밀도 $D[\text{C/m}^2]$, 유전율 $\epsilon[\text{F/m}]$인 유전체 내에 저장되는 에너지 밀도 $[\text{J/m}^3]$는?

① ED ② $\dfrac{1}{2}ED$ ③ $\dfrac{1}{2\epsilon}E^2$ ④ $\dfrac{1}{2}\epsilon D^2$

해설 Chapter – 02 – **14**
$w = \dfrac{1}{2}\epsilon E^2 = \dfrac{D^2}{2\epsilon} = \dfrac{1}{2}ED\,[\text{J/m}^3]$

03 유전체(유전율 = 9) 내의 전계의 세기가 100[V/m]일 때 유전체 내에 저장되는 에너지 밀도$[\text{J/m}^3]$는?

① 5.55×10^4 ② 4.5×10^4 ③ 9×10^9 ④ 4.05×10^5

해설 Chapter – 02 – **14**
$\epsilon = 9$, $E = 100[\text{V/m}]$이므로
$w = \dfrac{1}{2}\epsilon E^2 = \dfrac{1}{2} \times 9 \times 100^2 = 4.5 \times 10^4\,[\text{J/m}^3]$

04 평판 콘덴서에 어떤 유전체를 넣었을 때 전속 밀도가 $2.4 \times 10^{-7}[\text{C/m}^2]$이고 단위 체적 중의 에너지가 $5.3 \times 10^{-3}[\text{J/m}^3]$이었다. 이 유전체의 유전율은 몇 [F/m]인가?

① 2.17×10^{-11} ② 5.43×10^{-11} ③ 2.17×10^{-12} ④ 5.43×10^{-12}

해설 Chapter – 02 – **14**
에너지 밀도 $w = \dfrac{D^2}{2\epsilon}$ 에서
$\epsilon = \dfrac{D^2}{2w} = \dfrac{(2.4 \times 10^{-7})^2}{2 \times 5.3 \times 10^{-3}} = 5.43 \times 10^{-12}[\text{F/m}]$

정답 01 ④ 02 ② 03 ② 04 ④

05 내외 원통 도체의 반경이 각각 a, b인 동축 원통 콘덴서의 단위 길이당 정전 용량[F/m]은? (단, 원통 사이의 유전체의 비유전율은 ϵ_s이다.)

① $\dfrac{2\pi\epsilon_0\epsilon_s}{\ln\dfrac{b}{a}}$
② $\dfrac{2\pi\epsilon_0}{\epsilon_s\ln\dfrac{b}{a}}$

③ $\dfrac{4\pi\epsilon_0\epsilon_s}{\ln\dfrac{b}{a}}$
④ $\dfrac{4\pi\epsilon_0}{\epsilon_s}\ln\dfrac{b}{a}$

해설 Chapter − 03 − **04** − (3)
$$C = \dfrac{2\pi\epsilon_0\epsilon_s}{\ln\dfrac{b}{a}} \text{ [F/m]}$$

06 비유전율이 4이고 전계의 세기가 20[kV/m]인 유전체 내의 전속 밀도[μc/m²]는?

① 0.708   ② 0.168   ③ 6.28   ④ 2.83

해설 Chapter − 02 − **12**
$D = \epsilon_0\epsilon_s E = 8.855 \times 10^{-12} \times 4 \times 20 \times 10^3 = 0.708 \times 10^{-6} [\text{C/m}^2]$
$= 0.708 \times 10^{-6} \times 10^6 [\mu\text{C/m}^2] = 0.708 [\mu\text{C/m}^2]$

07 유전체 내의 전속 밀도에 관한 설명 중 옳은 것은?

① 진전하만이다.   ② 분극 전하만이다.
③ 겉보기 전하만이다.   ④ 진전하와 분극 전하이다.

해설 Chapter − 04 − **01**
$D = \rho$(표면 전하 밀도, 진전하)

08 유전율 $\epsilon_0\epsilon_s$의 유전체 내에 전하 Q에서 나오는 전기력선 수는?

① Q 개   ② $Q/\epsilon_0\epsilon_s$ 개
③ Q/ϵ_0 개   ④ Q/ϵ_s 개

해설 Chapter − 02 − **05** − (7)
가우스 정리에 의해서 전기력선 수는 $N = \oint_s E \cdot dS = \dfrac{Q}{\epsilon} = \dfrac{Q}{\epsilon_0\epsilon_s}$

정답 05 ①   06 ①   07 ①   08 ②

09 비유전율이 4인 유전체 내에 있는 1[μC]의 전하에서 나오는 전전속은 몇 [C]인가?

① 2.5×10^{-6} ② 1×10^{-6} ③ 2×10^{-6} ④ 4×10^{-6}

해설 Chapter – 02 – 05 – (7)
전속수 $Q = 1 \times 10^{-6}$
※ 전속은 물질의 종류와 관계없이 전하량만큼 발생한다.

10 유전체에서 분극의 세기의 단위는?

① [C] ② [C/m] ③ [C/m²] ④ [C/m³]

해설 Chapter – 04 – 01
$P = \sigma' [C/m^2]$

11 유전체의 분극도 표현으로 옳지 않은 것은? (단, P : 분극의 세기, D : 전속 밀도, E : 전계의 세기, ϵ : 유전율, ϵ_0 : 진공의 유전율, ϵ_r : 비유전율이다.)

① $P = D - \epsilon_0 E$
② $P = D - \epsilon_0 \left(\dfrac{D}{\epsilon}\right)$
③ $P = D\left(1 - \dfrac{1}{\epsilon_r}\right)$
④ $P = E - \epsilon_0 \left(\dfrac{D}{\epsilon}\right)$

해설 Chapter – 04 – 04
분극의 세기
$P = \epsilon_0(\epsilon_s - 1) \cdot E = \epsilon_0 \epsilon_s E - \epsilon_0 E$
$= D - \epsilon_0 E$
$= D - \epsilon_0 \left(\dfrac{D}{\epsilon}\right)$
$= D\left(1 - \dfrac{1}{\epsilon_s}\right) [C/m^2]$

12 유전체의 분극률이 χ일 때 분극 벡터 $P = \chi E$의 관계가 있다고 한다. 비유전률 4인 유전체의 분극률은 진공의 유전률 ϵ_0의 몇 배인가?

① 1 ② 3 ③ 9 ④ 12

해설 Chapter – 04 – 01
분극률 $\chi = \epsilon_0(\epsilon_s - 1) = \epsilon_0(4 - 1) = 3\epsilon_0$

정답 09 ② 10 ③ 11 ④ 12 ②

13 비유전율이 5인 등방 유전체의 한 점에서의 전계의 세기가 10[kV/m]이다. 이 점의 분극의 세기는 몇 [C/m²]인가?

① 1.41×10^7
② 3.54×10^{-7}
③ 8.84×10^8
④ 4×10^4

해설 Chapter – 04 – **01**
$P = \epsilon_0 (\epsilon_s - 1) E$
$= 8.855 \times 10^{-12} \times (5-1) \times 10^4$
$= 3.54 \times 10^{-7} [C/m^2]$

14 베이클라이트 중의 전속 밀도가 4.5×10^{-6}[C/m²]일 때의 분극의 세기는 몇 [C/m²]인가? (단, 베이클라이트의 비유전율은 4로 계산한다.)

① 1.350×10^{-6}
② 2.345×10^{-6}
③ 3.375×10^{-6}
④ 4.365×10^{-6}

해설 Chapter – 04 – **01**
$P = D\left(1 - \dfrac{1}{\epsilon_s}\right) = 4.5 \times 10^{-6} \times \left(1 - \dfrac{1}{4}\right)$
$= 3.37 \times 10^{-6} [C/m^2]$

15 비유전율이 ϵ_s = 5인 등방 유전체의 한 점에 전계의 세기가 $E = 10^4$[V/m]일 때 이 점의 분극률의 세기 χ[F/m]는?

① $10^{-9} / 9\pi$
② $10^{-9} / 18\pi$
③ $10^{-9} / 27\pi$
④ $10^{-9} / 36\pi$

해설 Chapter – 04 – **01**
$P = \epsilon_0(\epsilon_s - 1)E = \chi E$, $\dfrac{1}{4\pi\epsilon_0} = 9 \times 10^9$에서 $\epsilon_0 = \dfrac{10^{-9}}{36\pi}$
$\therefore \chi = \dfrac{P}{E} = \epsilon_0(\epsilon_s - 1) = \dfrac{10^{-9}}{36\pi} \times (5-1) = \dfrac{10^{-9}}{9\pi}$ [F/m]

정답 13 ② 14 ③ 15 ①

16 두 종류의 유전율 ϵ_1, ϵ_2를 가진 유전체 경계면에 전하가 존재하지 않을 때 경계 조건이 아닌 것은?

① $\epsilon_1 E_1 \cos\theta_1 = \epsilon_2 E_2 \cos\theta_2$
② $\epsilon_1 E_1 \sin\theta_1 = \epsilon_2 E_2 \sin\theta_2$
③ $E_1 \sin\theta_1 = E_2 \sin\theta_2$
④ $\tan\theta_1 / \tan\theta_2 = \epsilon_1 / \epsilon_2$

해설 Chapter – 04 – **02**
경계 조건 중 $D_1 \cos\theta_1 = D_2 \cos\theta_2$는 $\epsilon_1 E_1 \cos\theta_1 = \epsilon_2 E_2 \cos\theta_2$이므로 $\epsilon_1 E_1 \sin\theta_1 = \epsilon_2 E_2 \sin\theta_2$는 경계 조건이 될 수 없다. (전속 밀도 $D = \epsilon E$)

17 전계가 유리 E_1[V/m]에서 공기 E_2[V/m] 중으로 입사할 때 입사각[θ_1]과 굴절각[θ_2] 및 전계 E_1, E_2 사이의 관계 중 옳은 것은?

① $\theta_1 > \theta_2$, $E_1 > E_2$
② $\theta_1 < \theta_2$, $E_1 > E_2$
③ $\theta_1 > \theta_2$, $E_1 < E_2$
④ $\theta_1 < \theta_2$, $E_1 < E_2$

해설 Chapter – 04 – **02**
유리의 비유전율은 3.5 ~ 9.9이고 공기의 비유전율은 1이므로 유리의 유전율을 ϵ_1, 공기의 유전율을 ϵ_2라 하면 $\epsilon_1 > \epsilon_2$이므로, $\theta_1 > \theta_2$가 되어 $E_1 < E_2$가 성립된다.

18 유전율이 각각 $\epsilon_1 = 1$, $\epsilon_2 = \sqrt{3}$인 두 유전체가 그림과 같이 접해 있는 경우, 경계면에서 전기력선의 입사각 $\theta_1 = 45°$이었다. 굴절각 θ_2는 얼마인가?

① 20°
② 30°
③ 45°
④ 60°

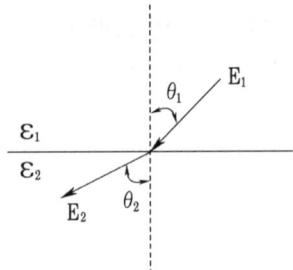

해설 Chapter – 04 – **02**
$\dfrac{\tan\theta_2}{\tan\theta_1} = \dfrac{\epsilon_2}{\epsilon_1}$ 에서

$\tan\theta_2 \epsilon_1 = \tan\theta_1 \epsilon_2$

$\tan\theta_2 = \dfrac{\epsilon_2}{\epsilon_1} \tan\theta_1$

$\therefore \theta_2 = \tan^{-1}\left[\dfrac{\epsilon_2}{\epsilon_1} \tan\theta_1\right] = \tan^{-1}\left[\dfrac{\sqrt{3}}{1} \tan 45°\right] = \tan^{-1}[\sqrt{3} \times 1] = 60°$

정답 16 ② 17 ③ 18 ④

19 매질 1이 나일론(비유전율 $\epsilon_s = 4$)이고, 매질 2가 진공일 때 전속 밀도 D가 경계면에서 각각 θ_1, θ_2의 각을 이룰 때 $\theta_2 = 30°$라 하면 θ_1의 값은?

① $\tan^{-1} \dfrac{4}{\sqrt{3}}$ ② $\tan^{-1} \dfrac{\sqrt{3}}{4}$

③ $\tan^{-1} \dfrac{\sqrt{3}}{2}$ ④ $\tan^{-1} \dfrac{2}{\sqrt{3}}$

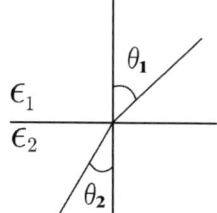

해설 Chapter − 04 − **02**

굴절의 법칙 $\dfrac{\tan \theta_2}{\tan \theta_1} = \dfrac{\epsilon_2}{\epsilon_1}$ 에서

$\tan \theta_1 = \dfrac{\epsilon_1}{\epsilon_2} \times \tan \theta_2$

$= \dfrac{4\epsilon_0}{\epsilon_0} \times \tan 30° = \dfrac{4}{\sqrt{3}}$

∴ $\theta_1 = \tan^{-1} \dfrac{4}{\sqrt{3}} = 66.58°$

20 공기 중의 전계 $E_1 = 10[\text{kV/cm}]$이 30°의 입사각으로 기름의 경계에 닿을 때, 굴절각 θ_2와 기름 중의 전계 $E_2[\text{V/m}]$는? (단, 기름의 비유전율은 3이라 한다.)

① $60°$, $10^6/\sqrt{3}$ ② $60°$, $10^3/\sqrt{3}$

③ $45°$, $10^6/\sqrt{3}$ ④ $45°$, $10^3/\sqrt{3}$

해설 Chapter − 04 − **02**

$\dfrac{\tan \theta_2}{\tan \theta_1} = \dfrac{\epsilon_2}{\epsilon_1}$

$\tan \theta_2 = \dfrac{\epsilon_2}{\epsilon_1} \times \tan \theta_1 = \dfrac{3\epsilon_0}{\epsilon_0} \times \tan 30° = \sqrt{3}$

∴ $\theta_2 = 60°$

$E_1 \sin \theta_1 = E_2 \sin \theta_2$

∴ $E_2 = \dfrac{\sin \theta_1}{\sin \theta_2} \times E_1$

$= \dfrac{\sin 30°}{\sin 60°} \times (10 \times 10^3 / 10^{-2})$

$= \dfrac{1/2}{\dfrac{\sqrt{3}}{2}} \times 10^6 = \dfrac{10^6}{\sqrt{3}} [\text{V/m}]$

정답 19 ① 20 ①

21 다음은 전계 강도와 전속 밀도에 대한 경계 조건을 설명한 것이다. 옳지 않은 것은? (단, 경계면의 진전하 분포는 없으며 $\epsilon_1 > \epsilon_2$ 로 한다.)

① 전속은 유전율이 큰 쪽으로 집속되려는 성질이 있다.
② 유전율이 큰 ϵ_1의 영역에서 전속 밀도(D_1)는 유전율이 작은 ϵ_2의 영역에서의 전속 밀도 (D_2)와 $D_1 \geq D_2$ 의 관계를 갖는다.
③ 경계면 사이의 정전력은 유전율이 작은 쪽에서 큰 쪽으로 작용한다.
④ 전계가 ϵ_1의 영역에서 ϵ_2의 영역에서 입사될 때 ϵ_2에서 전계 강도가 더 커진다.

해설 Chapter – 04 – **02** – (8)
$\epsilon_1 > \epsilon_2$이므로 $\theta_1 > \theta_2$가 되어
$D_1 > D_2$, $E_1 < E_2$
또한 경계면 사이의 정전력은 유전율이 큰 유전체에서 작은 유전체 쪽으로 끌리는 힘을 받는다.

22 두 유전체의 경계면에 대한 설명 중 옳지 않은 것은?

① 전계가 경계면에 수직으로 입사하면 두 유전체 내의 전계의 세기가 같다.
② 경계면에 작용하는 맥스웰 변형력은 유전율이 큰 쪽에서 적은 쪽으로 끌려가는 힘을 받는다.
③ 유전율이 적은 쪽에서 전계가 입사할 때 입사각은 굴절각보다 작다.
④ 전계나 전속 밀도가 경계면에 수직 입사하면 굴절하지 않는다.

해설 Chapter – 04 – **02** – (5)
수직 입사이므로 $\theta_1 = \theta_2 = 0°$이므로 $D_1 = D_2 = D$, $E_1 \neq E_2$

23 종류가 다른 두 유전체 경계면에 전하 분포가 다를 때 경계면에서 정전계가 만족하는 것은?

① 전계의 법선 성분이 같다.
② 전속선은 유전율이 큰 곳으로 모인다.
③ 전속 밀도의 접선 성분이 같다.
④ 경계면상의 두 점 간의 전위차가 다르다.

해설 Chapter – 04 – **02**
$D_1 \cdot \cos\theta_1 = D_2 \cdot \cos\theta_2$ (전속 밀도의 법선 성분은 같다.)
$E_1 \cdot \sin\theta_1 = E_2 \cdot \sin\theta_2$ (전계의 법선 성분은 같다.)

정답 21 ③ 22 ① 23 ②

24 전계 E[V/m]가 두 유전체의 경계면에 평행으로 작용하는 경우 경계면의 단위면적당 작용하는 힘[N/m²]은? (단, ϵ_1, ϵ_2는 두 유전체의 유전율이다.)

① $f = \frac{1}{2}(\epsilon_1 - \epsilon_2)E^2$
② $f = E^2(\epsilon_1 - \epsilon_2)$
③ $f = \frac{1}{2E^2}(\epsilon_1 - \epsilon_2)$
④ $f = \frac{1}{E^2}(\epsilon_1 - \epsilon_2)$

해설 Chapter – 04 – **02** – (6)
$f = \frac{1}{2}(\epsilon_1 - \epsilon_2)E^2$ [N/m²]
(전계가 경계면에 평행일 때는 $\theta = 90$이므로 $E_1 = E_2 = E$)

25 $\epsilon_1 > \epsilon_2$의 두 유전체의 경계면에 전계가 수직으로 입사할 때 경계면에 작용하는 힘은?

① $f = \frac{1}{2}\left[\frac{1}{\epsilon_2} - \frac{1}{\epsilon_1}\right]D^2$의 힘이 ϵ_1에서 ϵ_2로 작용한다.
② $f = \frac{1}{2}\left[\frac{1}{\epsilon_1} - \frac{1}{\epsilon_2}\right]E^2$의 힘이 ϵ_2에서 ϵ_1로 작용한다.
③ $f = \frac{1}{2}\left[\frac{1}{\epsilon_1} - \frac{1}{\epsilon_2}\right]D^2$의 힘이 ϵ_2에서 ϵ_1로 작용한다.
④ $f = \frac{1}{2}\left[\frac{1}{\epsilon_2} - \frac{1}{\epsilon_1}\right]E^2$의 힘이 ϵ_1에서 ϵ_2로 작용한다.

해설 Chapter – 04 – **02** – (5)
① 전계가 경계면에 수직이면 전계 방향으로 $f = \frac{1}{2}\left[\frac{1}{\epsilon_2} - \frac{1}{\epsilon_1}\right]D^2$ [N/m²]의 인장 응력을 받는다.
  (경계면에 수직이면 $\theta_1 = \theta_2 = 0°$, $D_1 = D_2 = D$)
② 전계가 경계면에 평행하면 전계와 수직 방향으로 $f = \frac{1}{2}(\epsilon_1 - \epsilon_2)E^2$ [N/m²]의 압축 응력을 받는다. (경계면에 평행이면 $\theta_1 = \theta_2 = 90°$, $E_1 = E_2 = E$)
①, ② 모두 유전율이 큰 쪽(ϵ_1)에서 작은 쪽(ϵ_2)으로 끌려 들어가는 맥스웰 응력이 작용한다.

정답 24 ① 25 ①

26 그림과 같이 면적이 $S[m^2]$인 평행판 도체 사이에 두께가 각각 $l_1[m]$, $l_2[m]$, 유전율이 각각 $\epsilon_1[F/m]$, $\epsilon_2[F/m]$인 두 종류의 유전체를 삽입하였을 때의 정전 용량은?

① $\dfrac{\epsilon_2 l_1 + \epsilon_1 l_2}{\epsilon_1 \epsilon_2}$ ② $\dfrac{\epsilon_2 + \epsilon_1 S}{l_1 + l_2}$

③ $\dfrac{\epsilon_1 \epsilon_2 S}{\epsilon_2 l_1 + \epsilon_1 l_2}$ ④ $\dfrac{\epsilon_1 \epsilon_2 S}{l_1 + l_2}$

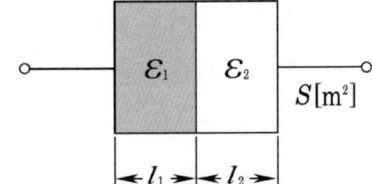

해설 Chapter – 04 – **03** – (1)
$C = \dfrac{\epsilon_1 \cdot \epsilon_2 S}{\epsilon_1 d_2 + \epsilon_2 d_1}$ 에서 $d_1 = \ell_1$, $d_2 = \ell_2$ 대입

27 그림과 같은 극판간의 간격이 $d[m]$인 평행 판콘덴서에서 S_1 부분의 유전체의 비유전율이 ϵ_{s1}, S_2 부분의 비유전율이 ϵ_{s2}, S_3 부분의 비유전율이 ϵ_{s3} 일 때, 단자 AB 사이의 정전 용량은?

① $\dfrac{1}{d\epsilon_0}\left[\dfrac{S_1}{\epsilon_{s1}} + \dfrac{S_2}{\epsilon_{s2}} + \dfrac{S_3}{\epsilon_{s3}}\right]$

② $\dfrac{\epsilon_0}{d}(\epsilon_{s1}S_1 + \epsilon_{s2}S_2 + \epsilon_{s3}S_3)$

③ $\dfrac{\epsilon_0}{d}(S_1 + S_2 + S_3)$

④ $\epsilon_0(\epsilon_{s1}S_1 + \epsilon_{s2}S_2 + \epsilon_{s3}S_3)$

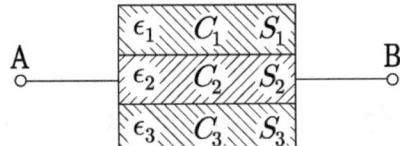

해설 Chapter – 04 – **03** – (2)
병렬 연결이므로 C는
$C = C_1 + C_2 + C_3 = \dfrac{1}{d}(\epsilon_1 S_1 + \epsilon_2 S_2 + \epsilon_3 S_3) = \dfrac{\epsilon_0}{d}(\epsilon_{s1}S_1 + \epsilon_{s2}S_2 + \epsilon_{s3}S_3)$
($\epsilon = \epsilon_0 \epsilon_s$)

28 패러데이관에 관한 설명으로 옳지 않은 것은?

① 패러데이관은 진전하가 없는 곳에서 연속적이다.
② 패러데이관의 밀도는 전속 밀도보다 크다.
③ 진전하가 없는 점에서는 패러데이관이 연속적이다.
④ 패러데이관 양단에 정, 부의 단위 전하가 있다.

해설 Chapter – 04 – **05**
패러데이관의 밀도는 전속 밀도와 같다.

정답 26 ③ 27 ② 28 ②

29 전속수가 Q개일 경우 패러데이관(Faraday tube) 수는 몇 개인가? (단, D는 전속 밀도이다.)

① $1/D$ ② Q/D
③ Q ④ DQ

해설 Chapter – 04 – **05**
패러데이관의 밀도는 전속 밀도와 같다. 즉, 전속수와 패러데이관수는 같다.

30 공간 전하 밀도 $\rho[\text{C/m}^3]$를 가진 점의 전위가 $V[\text{V}]$, 전계의 세기가 $E[\text{V/m}]$일 때 공간 전체의 전하가 갖는 에너지는 몇 [J]인가?

① $\frac{1}{2}\int_v EV dv$ ② $\frac{1}{2}\int_v \rho\, dv$
③ $\frac{1}{2}\int_v E^2 dv$ ④ $\frac{1}{2}\int_v V \mathrm{div}\, D\, dv$

해설 Chapter – 03 – **05**, 04 – **04**

$W = \frac{1}{2}QV \Rightarrow \mathrm{div}\, D = \rho[\text{C/m}^3]$

$= \frac{1}{2}\left(\rho\left[\frac{\text{c}}{\text{m}^3}\right]\times v[\text{m}^3]\right)\times V$

$= \frac{1}{2}\int_v V\rho\, dv$

$= \frac{1}{2}\int_v V \mathrm{div}\, D\, dv$

31 다음 식들 중에 옳지 않은 것은?

① 라플라스(Laplace)의 방정식 $\nabla^2 V = 0$
② 발산 정리 $\int_s E \cdot n ds = \int_v \mathrm{div} E dv$
③ 포아송(poisson)의 방정식 $\nabla^2 V = \frac{\rho}{\epsilon}$
④ Gauss(가우스)의 정리 $\mathrm{div}\, D = \rho$

해설 Chapter – 02 – **08**
포아송의 방정식 $\nabla^2 V = -\frac{\rho}{\epsilon_0}$

정답 29 ③ 30 ④ 31 ③

32 다음 식 중에서 틀린 것은?

① 유전체에 대한 Gauss의 정리의 미분형 $\mathrm{div} D = -\rho$
② Pioisson의 방정식 $\nabla^2 V = -\dfrac{\rho}{\epsilon_0}$
③ Laplace의 방정식 $\nabla^2 V = 0$
④ 발산 정리 $\iint_s A \cdot n dS = \iiint_v \mathrm{div} A dv$

해설 Chapter – 04 – **04**
$\mathrm{div} D = \rho[\mathrm{C/m^3}]$

33 전속 밀도 $D = x^2 i + 2y^2 j + 3z k\,[\mathrm{C/m^2}]$를 주는 원점의 $1[\mathrm{mm}^3]$ 내의 전하는 몇 [C]인가?

① 3
② 3×10^{-6}
③ 3×10^{-9}
④ 3×10^{-12}

해설 Chapter – 04 – **04**
$\mathrm{div} D = \nabla \cdot D = \rho$
$\dfrac{\partial D_x}{\partial x} + \dfrac{\partial D_y}{\partial y} + \dfrac{\partial D_z}{\partial z} = \rho$
$2x + 4y + 3 = \rho$ 원점의 좌표 (0, 0, 0)에서 $x=0, y=0, z=0$ 대입
$\rho = 3[\mathrm{C/m^3}]$
전체 전하 $Q = \rho \times v$
$\quad\quad\quad\quad = 3[\mathrm{C/m^3}] \times 1(10^{-3}[\mathrm{m^3}])$
$\quad\quad\quad\quad = 3 \times 10^{-9}[\mathrm{C}]$

34 다음 물질 중 비유전율이 가장 큰 것은?

① 산화티탄 자기
② 종이
③ 운모
④ 변압기 기름

해설
산화티탄 자기 : 115~5000, 종이 : 2~2.6, 운모 : 5.5~6.6, 변압기 기름 : 2.2~2.4, 물 : 80.7

정답 32 ① 33 ③ 34 ①

chapter 05

전계의 특수해법

05 CHAPTER 전계의 특수해법

01 무한 평면과 점전하

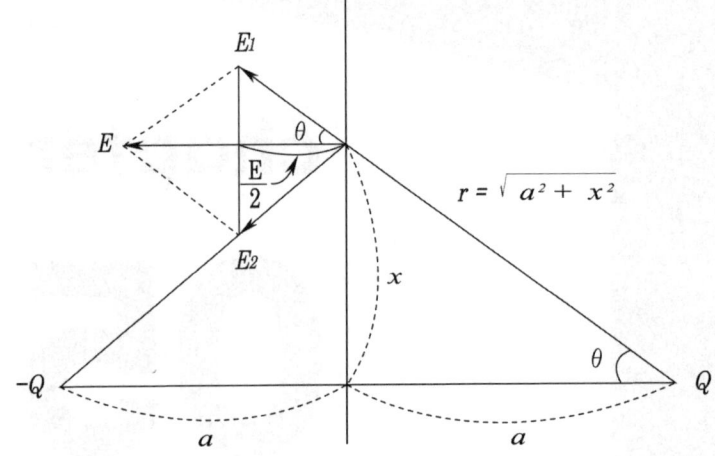

(1) 전계의 세기

$$\cos\theta = \frac{\frac{E}{2}}{E_1} = \frac{E}{2E_1}$$

$$E = 2E_1\cos\theta$$
$$= 2 \cdot \frac{Q}{4\pi\epsilon_0(\sqrt{a^2+x^2})^2} \cdot \frac{a}{\sqrt{a^2+x^2}}$$
$$= \frac{Q \cdot a}{2\pi\epsilon_0(a^2+x^2)^{\frac{3}{2}}} [\text{V/m}]$$

(2) 표면 전하 밀도(전속 밀도)

$$\rho = D = -\epsilon_0 E \Rightarrow (-\text{값은 영상 전하 고려})$$
$$= -\epsilon_0 \cdot \frac{Q \cdot a}{2\pi\epsilon_0(a^2+x^2)^{\frac{3}{2}}}$$
$$= -\frac{Q \cdot a}{2\pi(a^2+x^2)^{\frac{3}{2}}} [\text{C/m}^2]$$

※ 표면 전하 밀도가 최대인 지점 ($x=0$)

$$\rho_{\max} = D_{\max} = -\frac{Q}{2\pi a^2}[C/m^2]$$

(3) 작용하는 힘

$$F = \frac{Q \cdot (-Q)}{4\pi\epsilon_0(2a)^2} = -\frac{Q^2}{16\pi\epsilon_0 a^2}[N] \quad (-\text{는 항상 흡인력을 의미})$$

02 접지 도체구와 점전하

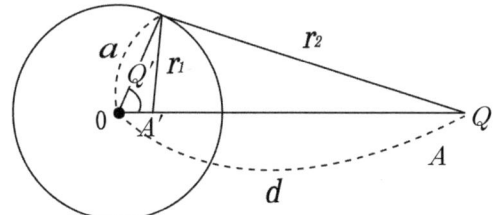

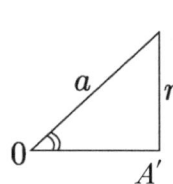 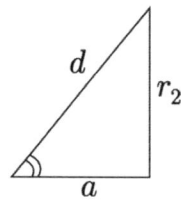

(1) 영상 전하 위치 : 접지 구도체 내부

$$\frac{\overline{OA'}}{a} = \frac{a}{d}$$

$$\overline{OA'} = \frac{a^2}{d}$$

(2) 영상 전하

$V = V_1 + V_2 = 0$(접지되었기 때문)

$$\frac{Q'}{4\pi\epsilon_0 r_1} + \frac{Q}{4\pi\epsilon_0 r_2} = 0$$

$$\frac{Q'}{r_1} = -\frac{Q}{r_2}$$

$$Q' = -\frac{r_1}{r_2}Q$$

$$= -\frac{a}{d}Q$$

(3) 작용하는 힘

$$F = \frac{Q \cdot Q'}{4\pi\epsilon_0(d-\overline{OA})^2} \Rightarrow (\overline{OA} = \frac{a}{d})$$

$$= \frac{Q \cdot Q'}{4\pi\epsilon_0(\frac{d^2-a^2}{d})^2}$$

$$= -\frac{adQ^2}{4\pi\epsilon_0(d^2-a^2)^2}[N] \ (-\text{는 항상 흡인력을 의미})$$

03 무한 평면과 선전하

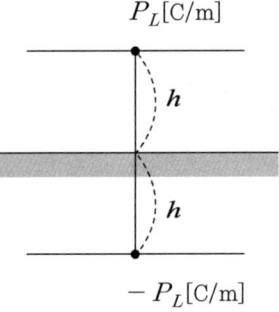

(1) P 점에서 전계의 세기

$$E = \frac{-P_L}{2\pi\epsilon_0(2h)} = \frac{-P_L}{4\pi\epsilon_0 h}[V/m]$$

(2) 단위 길이당 힘

$$F = \rho_\ell \cdot E \,[N/m] = \frac{-\rho_\ell^2}{4\pi\epsilon_0 h}[N/m]$$

05 출제예상문제

01 전류 $+I$와 전하 $+Q$가 무한히 긴 직선상의 도체에 각각 주어졌고 이들 도체는 진공 속에서 각각 투자율과 유전율이 무한대인 물질로 된 무한대 평면과 평행하게 놓여있다. 이 경우 영상법에 의한 영상 전류와 영상 전하는? (단, 전류는 직류이다.)

① $-I, -Q$ ② $-I, +Q$ ③ $+I, -Q$ ④ $+I, +Q$

해설 Chapter – 05 – **01**
영상 전하 $Q' = -Q$[C]이므로 영상 전류 $I' = -I$[A]이다.

02 점전하와 접지된 유한한 도체구가 존재할 때 점전하에 의한 접지 구도체의 영상 전하에 관한 설명 중 틀린 것은?

① 영상 전하는 구도체 내부에 존재한다.
② 영상 전하는 점전하와 크기는 같고 부호는 반대이다.
③ 영상 전하는 점전하와 도체 중심축을 이은 직선상에 존재한다.
④ 영상 전하가 놓인 위치는 도체 중심과 점전하와의 거리와 도체 반지름에 의해 결정된다.

해설 Chapter – 05 – **01**, **02**
영상 전하 크기 : 무한평면 $Q' = -Q$[C]

접지도체구 $Q' = -\dfrac{a}{d}Q$[C]

03 무한 평면 도체로부터 거리 a[m]인 곳에 점전하 Q[C]이 있을 때 이 무한 평면 도체 표면에 유도되는 면밀도가 최대인 점의 전하 밀도는 몇 [C/m²]인가?

① $-\dfrac{Q}{2\pi a^2}$ ② $-\dfrac{Q^2}{4\pi a}$ ③ $-\dfrac{Q}{\pi a^2}$ ④ 0

해설 Chapter – 05 – **01**
전속 밀도 = 표면 전하 밀도
$D = -\epsilon_0 E$
$= -\epsilon_0 \dfrac{Qa}{2\pi\epsilon_0(a^2+x^2)^{3/2}} = -\dfrac{Qa}{2\pi(a^2+x^2)^{3/2}}$[C/m²]

표면 전하 밀도가 최대가 되는 지점 ($x = 0$)
$D_{\max} = -\dfrac{Q}{2\pi a^2}$[C/m²]

정답 01 ① 02 ② 03 ①

04 무한 평면 도체로부터 거리 $d[m]$의 곳에 점전하 $Q[C]$가 있을 때 Q와 평면 도체 간에 작용하는 힘[N]은?

① $\dfrac{Q}{4\pi\epsilon_0 d^2}$ ② $\dfrac{Q^2}{4\pi\epsilon_0 d^2}$ ③ $\dfrac{Q^2}{8\pi\epsilon_0 d^2}$ ④ $\dfrac{Q^2}{16\pi\epsilon_0 d^2}$

해설 Chapter − 05 − **01**

$$F = \dfrac{-Q^2}{4\pi\epsilon_0 (2d)^2} = -\dfrac{Q^2}{16\pi\epsilon_0 d^2}$$

05 무한평면도체 표면에서 $d[m]$의 거리에 점전하 $Q[C]$가 있을 때, 이 전하를 무한 원까지 운반하는 데 요하는 일은 몇 [J]인가?

① $9 \times 10^9 \times \dfrac{Q^2}{d}$ ② $4.5 \times 10^9 \times \dfrac{Q^2}{d}$

③ $3 \times 10^9 \times \dfrac{Q^2}{d}$ ④ $2.25 \times 10^9 \times \dfrac{Q^2}{d}$

해설 Chapter − 05 − **01**

힘 $F = \dfrac{Q^2}{4\pi\epsilon_0 (2d)^2} = \dfrac{Q^2}{16\pi\epsilon_0 d^2}$ [N]

일 $W = \int F dr = F \cdot d = \dfrac{Q^2}{16\pi\epsilon_0 d} = \dfrac{Q^2}{16\pi \times 8.855 \times 10^{-12} d}$

$\qquad = 2.25 \times 10^9 \times \dfrac{Q^2}{d}$

06 반지름 a 인 접지 도체구의 중심에서 $d > a$ 되는 곳에 점전하 Q 가 있다. 구도체에 유기되는 영상 전하 및 그 위치(중심에서의 거리)는 각각 얼마인가?

① $+\dfrac{a}{d}Q$ 이며 $\dfrac{a^2}{d}$ 이다. ② $-\dfrac{a}{d}Q$ 이며 $\dfrac{a^2}{d}$ 이다.

③ $+\dfrac{d}{a}Q$ 이며 $\dfrac{a^2}{d}$ 이다. ④ $-\dfrac{d}{a}Q$ 이며 $\dfrac{d^2}{a}$ 이다.

해설 Chapter − 05 − **02**

접지도체구에서

영상 전하(Q') $= -\dfrac{a}{d}Q$

영상 전하 위치($\overline{OA'}$) $= \dfrac{a^2}{d}$

정답 04 ④ 05 ④ 06 ②

07 반지름이 10[cm]인 접지 구도체의 중심으로부터 1[m] 떨어진 거리에 한 개의 전자를 놓았다. 접지구도체에 유도된 총 전하량은 몇 [C]인가?

① -1.6×10^{-20} ② -1.6×10^{-21} ③ 1.6×10^{-20} ④ 1.6×10^{-21}

해설 Chapter − 05 − **01**

접지도체구의 영상 전하 $Q' = -\frac{a}{d}Q$

$Q' = -\frac{a}{d}Q = -\frac{0.1}{1} \times (-1.602 \times 10^{-19}) = 1.602 \times 10^{-20}$[C]

전자 : $e = -1.602 \times 10^{-19}$[C]
$m = 9.109 \times 10^{-31}$[kg]

08 접지구도체와 점전하 간의 작용력은?

① 항상 반발력이다. ② 항상 흡인력이다.
③ 조건적 반발력이다. ④ 조건적 흡인력이다.

해설 Chapter − 05 − **02**

접지구도체에서 영상 전하

$Q' = -\frac{a}{d}Q$

Q 와 $-\frac{a}{d}Q$ 와 작용하는 힘으로 부호가 반대 방향이므로 항상 흡인력이다.

09 그림과 같이 접지된 반지름 a[m]의 도체구 중심 O에서 d[m] 떨어진 점 A에 Q[C]의 점전하가 존재할 때 A'점에 Q'의 영상 전하(image charge)를 생각하면 구도체와 점전하 간에 작용하는 힘[N]은?

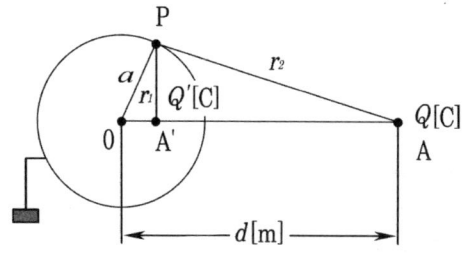

정답 07 ③ 08 ② 09 ④

① $F = \dfrac{QQ'}{4\pi\epsilon_0 \left[\dfrac{d^2 - a^2}{d}\right]}$ ② $F = \dfrac{QQ'}{4\pi\epsilon_0 \left[\dfrac{d}{d^2 - a^2}\right]}$

③ $F = \dfrac{QQ'}{4\pi\epsilon_0 \left[\dfrac{d^2 + a^2}{d}\right]^2}$ ④ $F = \dfrac{QQ'}{4\pi\epsilon_0 \left[\dfrac{d^2 - a^2}{d}\right]^2}$

[해설] Chapter – 05 – **02**

$$F = \dfrac{QQ'}{4\pi\epsilon_0 (\overline{A'A})^2} = \dfrac{QQ'}{4\pi\epsilon_0 \left(d - \dfrac{a^2}{d}\right)^2} = \dfrac{QQ'}{4\pi\epsilon_0 \left(\dfrac{d^2 - a^2}{d}\right)^2}$$

10 대지면에 높이 h[m]로 평행하게 가설된 매우 긴 선전하(선전하 밀도 λ[C/m])가지 면으로부터 받는 힘[N/m]은?

① h에 비례한다. ② h에 반비례한다.
③ h^2에 비례한다. ④ h^2에 반비례한다.

[해설] Chapter – 05 – **03**

$F = \lambda E = \lambda \times \dfrac{-\lambda}{2\pi\epsilon_0(2h)} = -9 \times 10^9 \times \dfrac{\lambda^2}{h}$ [N/m]

$F \propto \dfrac{1}{h}$

11 대지면에 높이 h[m]로 평행하게 가설된 매우 긴 선전하가 지면으로부터 단위 길이당 받는 힘[N/m]은? (단, 선전하 밀도는 ρ_L[C/m]라 한다.)

① $-18 \times 10^9 \dfrac{\rho_L^2}{h}$ ② $-18 \times 10^9 \dfrac{\rho_L}{h}$

③ $-9 \times 10^9 \dfrac{\rho_L^2}{h}$ ④ $-9 \times 10^9 \dfrac{\rho_L}{h}$

[해설] Chapter – 05 – **03**

$F = \rho_L E = \rho_L \times \dfrac{-\rho_L}{2\pi\epsilon_0(2h)} = -9 \times 10^9 \times \dfrac{\rho_L^2}{h}$ [N/m]

정답 10 ② 11 ③

12 직교하는 도체 평면과 점전하 사이에는 몇 개의 영상 전하가 존재하는가?
① 2
② 3
③ 4
④ 5

해설
$$n = \frac{360}{\theta} - 1 = \frac{360}{90} - 1 = 3[\text{개}]$$

13 그림과 같은 직교 도체 평면상 P점에 $Q[\text{C}]$의 전하가 있을 때 P'점의 영상 전하는?

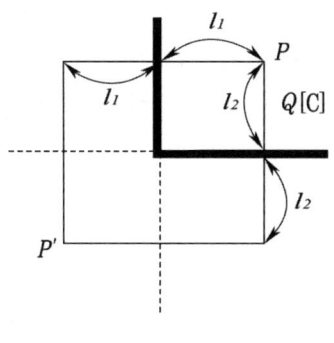

① Q^2
② Q
③ $-Q$
④ 0

해설 Chapter - 05 - 01

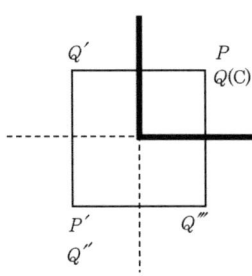

영상 전하 $Q' = -Q[\text{C}]$, $Q'' = Q[\text{C}]$, $Q''' = -Q[\text{C}]$이므로 P'의 전하는 $Q'' = Q[\text{C}]$이다.

정답 12 ② 13 ②

14 평면도체 표면에서 d[m] 거리에 점전하 Q[C]이 있을 때 이 전하를 무한원점까지 운반하는 데 필요한 일[J]은?

① $\dfrac{Q^2}{4\pi\epsilon_0 d}$ ② $\dfrac{Q^2}{8\pi\epsilon_0 d}$

③ $\dfrac{Q^2}{16\pi\epsilon_0 d}$ ④ $\dfrac{Q^2}{32\pi\epsilon_0 d}$

해설 Chapter 05 - 01
전기영상법에서 무한 평면에서 거리 d[m]에 점전하 Q[C]이 있을 때 이 전하를 무한원점까지 운반하는 데 필요한 일 $W = \dfrac{Q^2}{16\pi\varepsilon_0 d}$ [J]

15 그림과 같이 무한평면 도체 앞 a[m] 거리에 점전하 Q[C]가 있다. 점 0에서 x[m]인 P점의 전하밀도 σ[C/m²]는?

① $\dfrac{Q}{4\pi} \cdot \dfrac{a}{(a^2+x^2)^{\frac{3}{2}}}$

② $\dfrac{Q}{2\pi} \cdot \dfrac{a}{(a^2+x^2)^{\frac{3}{2}}}$

③ $\dfrac{Q}{4\pi} \cdot \dfrac{a}{(a^2+x^2)^{\frac{2}{3}}}$

④ $\dfrac{Q}{2\pi} \cdot \dfrac{a}{(a^2+x^2)^{\frac{2}{3}}}$

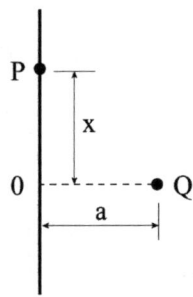

해설 Chapter 05 - 01
무한평면과 점전하
$E = \dfrac{aQ}{2\pi\varepsilon_0 (a^2+x^2)^{\frac{3}{2}}}$ [V/m]

$\rho = D = -\epsilon_0 E = -\dfrac{aQ}{2\pi(a^2+x^2)^{\frac{3}{2}}}$

$\rho_{max} = -\dfrac{Q}{2\pi a^2}$

정답 14 ③ 15 ②

chapter 06

전류

06 전류

01 전류 밀도

$$i = \frac{I}{S} = \frac{\frac{V}{R}}{S} = \frac{V}{R \cdot S}$$

$$= \frac{V}{\frac{\ell}{kS}S} = k\frac{V}{\ell} = kE\,[\text{A}/\text{m}^2]$$

$$i = Q[\text{c}/\text{m}^3] \times v[\text{m}/\text{s}]$$
$$= Qv[\text{c}/\text{s} \cdot \text{m}^2][\text{A}/\text{m}^2]$$
$$= n[\text{개}/\text{m}^3] \times e[\text{C}] \times v$$
$$= nev$$

$Q[\text{C}/\text{m}^3]$: 단위 체적당 전하량
$v[\text{m}/\text{s}]$: 속도

$e[\text{C}]$: 전자의 전하량 $= 1.602 \times 10^{-19}$
$n[\text{개}/\text{m}^3]$: 단위 체적당 전자의 개수

$$\therefore i = \frac{I}{S} = \frac{I}{\pi a^2} = k\frac{V}{\ell} = kE = Qv = nev\,[\text{A}/\text{m}^2]$$

$Q = I \cdot t = ne[\text{C}]$: 전자의 개수

02 도체의 저항과 저항 온도 계수

(1) $R = \rho\dfrac{\ell}{S}$

$\quad = \dfrac{\ell}{kS}[\Omega]$

ρ : 고유 저항[$\Omega \cdot m$]
k : 도전율[℧/m][S/m]
ℓ : 도선의 길이
S : 도선의 단면적

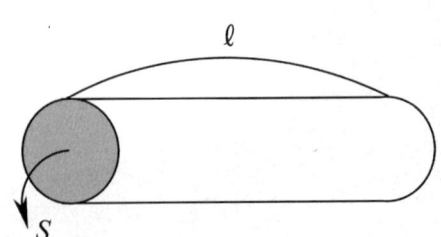

(2) $R_2 = R_1[1 + \alpha_1(T_2 - T_1)]$

① 동선에서 저항 온도 계수

$$0[℃] \Rightarrow \alpha_1 = \frac{1}{234.5}$$

$$t[℃] \Rightarrow \alpha_2 = \frac{1}{234.5 + t}$$

② 온도가 올라가면 저항은 증가

03 전기 저항과 정전 용량

$$R = \rho\frac{\ell}{S} \qquad C = \frac{\epsilon \cdot S}{\ell}$$

$$RC = \rho\frac{\ell}{S} \times \frac{\epsilon \cdot S}{\ell}$$

$$= \rho\epsilon$$

$$RC = \rho\epsilon, \ R = \frac{\rho\epsilon}{C}[\Omega]$$

(1) **고립 도체구** $C = 4\pi\epsilon_0 a[F], \ R = \dfrac{\rho}{4\pi a} = \dfrac{1}{4\pi ak}[\Omega]$

(2) **동심구** $C = \dfrac{4\pi\epsilon_0}{\dfrac{1}{a} - \dfrac{1}{b}}[F], \ R = \dfrac{\rho}{4\pi}\left(\dfrac{1}{a} - \dfrac{1}{b}\right) = \dfrac{1}{4\pi k}\left(\dfrac{1}{a} - \dfrac{1}{b}\right)[\Omega]$

$(a > b)$

(3) **동축 원통** $C = \dfrac{2\pi\epsilon_0 \ell}{\ell n\dfrac{b}{a}}, \ R = \dfrac{\rho}{2\pi\ell}\ln\dfrac{b}{a} = \dfrac{1}{2\pi\ell k}\ln\dfrac{b}{a}[\Omega]$

$(a > b)$

(4) **평행 도선** $C = \dfrac{\pi\epsilon_0 \ell}{\ell n\dfrac{d}{a}}[F], \ R = \dfrac{\rho}{\pi\ell}\ln\dfrac{d}{a} = \dfrac{1}{\pi\ell k}\ln\dfrac{d}{a}[\Omega]$

04 전력, 전력량, 열량

(1) 전력 $P = VI = I^2 R = \dfrac{V^2}{R}$ [W]

(2) 전력량 $W = P \cdot t = VI \cdot t = I^2 R \cdot t = \dfrac{V^2}{R} \cdot t$ [J]

(3) 열량 $H = 0.24W = 0.24Pt = 0.24VIt = 0.24I^2 Rt$
$= 0.24 \dfrac{V^2}{R} t$ [cal]

$$H(Q) = mc\Delta T = 0.24pt\eta \text{[cal]}$$
$$= mc(T_2 - T_1) = 0.24pt\eta \text{[cal]}$$

P[w]
t[sec]
$m[\ell][g]$: 질량
c : 비열
T_1 : 나중 온도
T_2 : 처음 온도
η : 효율

05 전지

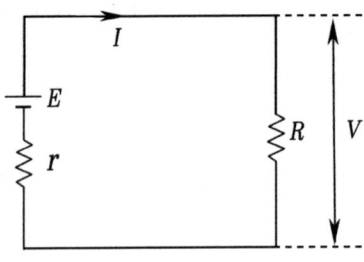

$E = Ir + IR = (r + R)I$
$ = Ir + V$

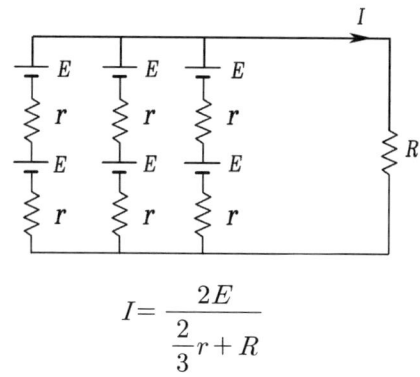

$$I = \frac{2E}{\frac{2}{3}r + R}$$

06 최대 전력 전달 조건

$$P = I^2 R$$
$$= (\frac{E}{r+R})^2 R$$
$$= \frac{R}{(r+R)^2} E^2$$

$$\frac{\partial}{\partial R} \cdot \frac{R}{(r+R)^2} = \frac{(r+R)^2 - R \cdot 2(r+R)}{(r+R)^4}$$
$$= \frac{(r+R) - 2R}{(r+R)^3} = 0$$

$$r - R = 0 \qquad \therefore r = R$$

07 배율기

전압의 측정범위를 확대하기 위하여 저항을 직렬로 연결($V_1 < V_2$)

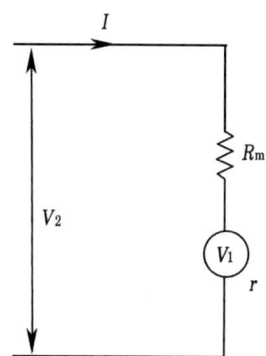

$$V_2 = I \cdot r + I \cdot R_m$$
$$= I \cdot r(1 + \frac{R_m}{r})$$
$$= V_1(1 + \frac{R_m}{r})$$

R_m : 배율기 저항

r : 전압계 내부저항

08 분류기

전류의 측정범위를 확대하기 위하여 저항을 병렬로 연결($I_1 < I_2$)

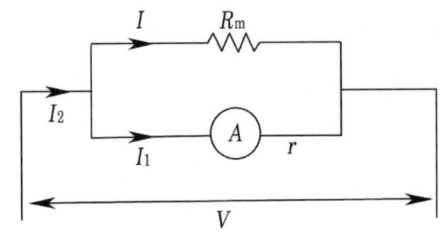

$$I_2 = I_1 + IR_m$$
$$= \frac{V}{r} + \frac{V}{R_m}$$
$$= \frac{V}{r}(1 + \frac{V}{R_m})$$
$$= I_1(1 + \frac{r}{R_m})$$

R_m : 분류기 저항

r : 전류계 내부저항

06 출제예상문제

01 대기 중의 두 전극 사이에 있는 어떤 점의 전계의 세기가 $E = 3.5$ [V/cm], 지면의 도전율이 $k = 10^{-4}$ [℧/m]일 때, 이 점의 전류 밀도[A/m²]는?

① 1.5×10^{-2}
② 2.5×10^{-3}
③ 3.5×10^{-2}
④ 6.6×10^{-2}

해설 Chapter − 06 − **01**

$$i = \frac{I}{S} = kE = Qv = nev [\text{A/m}^2]$$

$I = kE$
$\quad = 10^{-4} \times 3.5 \times 10^{2}$
$\quad = 3.5 \times 10^{-2} [\text{A/m}^2]$

$E = 3.5$ [V/cm]
$\quad = 3.5$ [V/10^{-2}m]
$\quad = 3.5 \times 10^{2}$ [V/m]

02 다음 중 옴의 법칙은 어느 것인가? (단, k는 도전율, ρ는 고유 저항, E는 전계의 세기이다.)

① $i = kE$
② $i = E/k$
③ $i = \rho E$
④ $i = -kE$

해설 Chapter − 06 − **01**

$$i = \frac{I}{S} = kE = Qv = nev [\text{A/m}^2]$$

03 전류 밀도 $i = 10^{7}$ [A/m²]이고, 단위체적의 이동 전하가 $Q = 8 \times 10^{9}$ [C/m³]이라면 도체 내의 전자의 이동 속도 v [m/s]는?

① 1.25×10^{-2}
② 1.25×10^{-3}
③ 1.25×10^{-4}
④ 1.25×10^{-5}

해설 Chapter − 06 − **01**

$$i = \frac{I}{S} = kE = Qv = nev [\text{A/m}^2]$$

$i = Qv$

$v = \dfrac{i}{Q} = \dfrac{10^{7}}{8 \times 10^{9}} = 0.125 \times 10^{-2} = 1.25 \times 10^{-3}$

정답 01 ③ 02 ① 03 ②

04 전자가 매초 10^{10} 개의 비율로 전선 내를 통과하면 이것은 몇 [A]의 전류에 상당하는가? (단, 전기량은 1.602×10^{-19}[C]이다.)

① 1.602×10^{-9}
② 1.602×10^{-29}
③ $\dfrac{1}{1.602} \times 10^{-9}$
④ $\dfrac{1}{1.602} \times 10^{-29}$

해설 Chapter – 06 – **01**

$Q = ne = I\,t$

$I = \dfrac{ne}{t} = \dfrac{10^{10} \times 1.602 \times 10^{-19}}{1} = 1.602 \times 10^{-9}$

05 1[μA]의 전류가 흐르고 있을 때, 1초 동안 통과하는 전자수는 약 몇 개인가? (단, 전자 1개의 전하는 1.602×10^{-19}[C]이다.)

① 6.24×10^{10}
② 6.24×10^{11}
③ 6.24×10^{12}
④ 6.24×10^{13}

해설 Chapter – 06 – **01**

전기량

$Q = ne = I \cdot t$

$n = \dfrac{I \cdot t}{e} = \dfrac{10^{-6} \times 1}{1.602 \times 10^{-19}} = 6.24 \times 10^{12}$ [개]

06 온도 t[℃]에서 저항이 R_1, R_2이고 저항의 온도계수가 각각 α_1, α_2인 두 개의 저항을 직렬로 접속했을 때 그들의 합성저항 온도계수는?

① $\dfrac{R_1\alpha_2 + R_2\alpha_1}{R_1 + R_2}$
② $\dfrac{R_1\alpha_1 + R_2\alpha_2}{R_1 R_2}$
③ $\dfrac{R_1\alpha_1 + R_2\alpha_2}{R_1 + R_2}$
④ $\dfrac{R_1\alpha_2 + R_2\alpha_1}{R_1 R_2}$

해설

합성저항 온도계수 $\alpha = \dfrac{R_1\alpha_1 + R_2\alpha_2}{R_1 + R_2}$

정답 04 ① 05 ③ 06 ③

07 저항 10[Ω]인 구리선과 30[Ω]의 망간선을 직렬 접속하면 합성저항 온도계수는 몇 [%]인가? (단, 동선의 저항 온도계수는 0.4[%], 망간선은 0이다.)

① 0.1   ② 0.2   ③ 0.3   ④ 0.4

해설

$$\alpha = \frac{R_1\alpha_1 + R_2\alpha_2}{R_1 + R_2} = \frac{(10 \times 0.4) + (30 \times 0)}{10 + 30} = 0.1$$

08 전기저항 R과 정전 용량 C, 고유 저항 ρ 및 유전율 ϵ 사이의 관계는?

① $RC = \rho\epsilon$ ② $\dfrac{R}{C} = \dfrac{\epsilon}{\rho}$ ③ $\dfrac{C}{R} = \rho\epsilon$ ④ $R = \epsilon C \rho$

해설 Chapter - 06 - **03**
$RC = \rho\epsilon$

09 평행판 콘덴서에 유전율 9×10^{-8}[F/m], 고유 저항 $\rho = 10^6$[Ω·m]인 액체를 채웠을 때 정전 용량이 3[μF]이었다. 이 양극판 사이의 저항은 몇 [kΩ]인가?

① 37.6   ② 30   ③ 18   ④ 15.4

해설 Chapter - 06 - **03**
R : 전기저항
C : 평행판 콘덴서의 정전 용량
$RC = \rho\epsilon$
$$R = \frac{\rho\epsilon}{C} = \frac{10^6 \times 9 \times 10^{-8}}{3 \times 10^{-6}}[\Omega] = 3 \times 10^4[\Omega] = 30[k\Omega]$$

10 액체 유전체를 넣은 콘덴서의 용량이 20[μF]이다. 여기에 500[kV]의 전압을 가하면 누설 전류[A]는? (단, 비유전율 $\epsilon_3 = 2.2$, 고유 저항 $\rho = 10^{11}$[Ω·m]이다.)

① 4.2   ② 5.13   ③ 54.5   ④ 61

정답 07 ①   08 ①   09 ②   10 ②

해설 Chapter – 06 – **03**

R : 전기저항 C : 평행판 콘덴서의 정전 용량

$RC = \rho\epsilon$

$R = \dfrac{\rho\epsilon}{C} = \dfrac{\rho\epsilon_0\epsilon_s}{C} = \dfrac{10^{11} \times 8.855 \times 10^{-12} \times 2.2}{20 \times 10^{-6}} = 97{,}405\,[\Omega]$

$I = \dfrac{V}{R} = \dfrac{500 \times 10^3}{97405} = 5.13\,[\text{A}]$

11 대지의 고유 저항이 $\rho\,[\Omega \cdot \text{m}]$일 때 반지름 $a\,[\text{m}]$인 반구형 접지극의 접지 저항은?

① $2\pi\rho a$
② $\dfrac{2\pi\rho}{a}$
③ $\dfrac{\rho}{4\pi a}$
④ $\dfrac{\rho}{2\pi a}$

해설 Chapter – 06 – **03**

$RC = \rho\epsilon$, 구 $C = 4\pi\epsilon a\,[\text{F}]$, 반구 $C = 2\pi\epsilon a\,[\text{F}]$

$R = \dfrac{\rho\epsilon}{C} = \dfrac{\rho\epsilon}{2\pi\epsilon a} = \dfrac{\rho}{2\pi a}$

12 내구의 반지름 a, 외구의 반지름 b인 동심 구도체 간에 고유 저항 ρ인 저항 물질이 채워져 있을 때의 내외 구간의 합성 저항은?

① $\dfrac{\rho}{2\pi}\left(\dfrac{1}{a} - \dfrac{1}{b}\right)$
② $4\pi\rho\left(\dfrac{1}{a} - \dfrac{1}{b}\right)$
③ $\dfrac{\rho}{4\pi}\left(\dfrac{1}{a} - \dfrac{1}{b}\right)$
④ $2\pi\rho\left(\dfrac{1}{a} - \dfrac{1}{b}\right)$

해설 Chapter – 06 – **03**

R : 전기저항 C : 평행판 콘덴서의 정전 용량

$R = \dfrac{\rho\epsilon}{C} \Rightarrow C = \dfrac{4\pi\epsilon}{\dfrac{1}{a} - \dfrac{1}{b}} = \dfrac{\rho\epsilon}{\dfrac{4\pi\epsilon}{\dfrac{1}{a} - \dfrac{1}{b}}} = \dfrac{\rho}{4\pi}\left(\dfrac{1}{a} - \dfrac{1}{b}\right)\,[\Omega]$

정답 11 ④ 12 ③

13 길이 l인 동축 원통에서 내부 원통의 반지름 a, 외부 원통의 안반지름 b, 바깥반지름 c이고 내외 원통 간에 저항률 ρ인 도체로 채워져 있다. 도체 간의 저항은 얼마인가? (단, 도체 자체의 저항은 0으로 한다.)

① $\dfrac{\rho}{\pi l}\log_{10}\dfrac{b}{a}$ ② $\dfrac{\rho}{2\pi l}\log_{10}\dfrac{b}{a}$

③ $\dfrac{\rho}{\pi l}\log_{e}\dfrac{b}{a}$ ④ $\dfrac{\rho}{2\pi l}\log_{e}\dfrac{b}{a}$

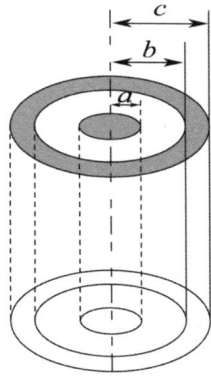

[해설] Chapter − 06 − **03**
R : 전기저항 C : 평행판 콘덴서의 정전 용량
$RC = \rho\epsilon$
$R = \dfrac{\rho\epsilon}{C} = \dfrac{\rho\epsilon}{\dfrac{2\pi\epsilon l}{\log_e\dfrac{b}{a}}} = \dfrac{\rho}{2\pi l}\log_e\dfrac{b}{a}\,[\Omega]$

14 길이 l[m], 반지름 a[m]인 두 평행 원통 전극을 d[m] 거리에 놓고 그 사이를 저항률 ρ[Ω·m]인 매질을 채웠을 때의 저항[Ω]은? (단, $d \gg a$라 한다.)

① $\dfrac{\rho}{2\pi l}\ln\dfrac{d}{a}$ ② $\dfrac{\rho}{\pi l}\ln\dfrac{d}{a}$ ③ $\pi l \ln\dfrac{d}{a}$ ④ $2\pi l \ln\dfrac{d}{a}$

[해설] Chapter − 06 − **03**
R : 전기저항 C : 평행판 콘덴서의 정전 용량
$RC = \rho\epsilon$
$R = \dfrac{\rho\epsilon}{C}$
$= \dfrac{\rho\epsilon}{\dfrac{\pi\epsilon l}{\ln\dfrac{d}{a}}} = \dfrac{\rho}{\pi l}\ln\dfrac{d}{a}$

15 반지름 a, b인 두 구상 도체 전극이 도전율 k인 매질 속에 중심간의 거리 r만큼 떨어져 놓여 있다. 양 전극 간의 저항은? (단, $r \gg a$, b이다.)

① $4\pi k\left(\dfrac{1}{a} + \dfrac{1}{b}\right)$ ② $4\pi k\left(\dfrac{1}{a} - \dfrac{1}{b}\right)$

③ $\dfrac{1}{4\pi k}\left(\dfrac{1}{a} + \dfrac{1}{b}\right)$ ④ $\dfrac{1}{4\pi k}\left(\dfrac{1}{a} - \dfrac{1}{b}\right)$

정답 13 ④   14 ②   15 ③

해설 Chapter − 06 − 03

저항 $R = R_1 + R_2 = \dfrac{\rho\epsilon_1}{C_1} + \dfrac{\rho\epsilon_2}{C_2}$

$= \dfrac{\rho\epsilon}{4\pi\epsilon a} + \dfrac{\rho\epsilon}{4\pi\epsilon b}$

$= \dfrac{\rho}{4\pi}\left(\dfrac{1}{a} + \dfrac{1}{b}\right) = \dfrac{1}{4\pi k}\left(\dfrac{1}{a} + \dfrac{1}{b}\right)$

16 유전율 ϵ [F/m], 고유 저항 ρ [Ω·m]인 유전체로 채운 정전 용량 C [F]의 콘덴서에 전압 V [V]를 가할 때 유전체 중의 t 초 동안에 발생하는 열량은 몇 [cal]인가?

① $4.2 \times \dfrac{CV^2 t}{\rho\epsilon}$ ② $4.2 \times \dfrac{CVt}{\rho\epsilon}$ ③ $0.24 \times \dfrac{CV^2 t}{\rho\epsilon}$ ④ $0.24 \times \dfrac{CVt}{\rho\epsilon}$

해설 Chapter − 06 − 03, 04

열량 $Q = 0.24Pt = 0.24\dfrac{V^2}{R}t$ [cal]에서 $R = \dfrac{\rho\epsilon}{C}$ 을 대입하면

$= 0.24 \times \dfrac{CV^2 t}{\rho\epsilon}$ [cal]

17 전류가 흐르고 있는 도체에 자계를 가하면 도체 측면에는 정·부의 전하가 나타나 두 면간에 전위차가 발생하는 현상은?

① 핀치 효과   ② 톰슨 효과
③ 홀 효과   ④ 제어백 효과

18 균질의 철사에 온도 구배가 있을 때 여기에 전류가 흐르면 열의 흡수 또는 발생을 수반하는데, 이 현상은?

① 톰슨 효과   ② 핀치 효과
③ 펠티어 효과   ④ 제어백 효과

해설 Chapter − 06 − 05

톰슨 효과는 동일한 금속 도체 중의 두 점 간에 온도차가 있으면 전류를 흘림으로써 열의 발생 또는 흡수가 생기는 현상을 말한다.

정답 16 ③ 17 ③ 18 ①

19 두 종류의 금속으로 된 회로에 전류를 통하면 각 접속점에서 열의 흡수 또는 발생이 일어나는 현상은?

① 톰슨 효과
② 제어백 효과
③ 볼타 효과
④ 펠티어 효과

해설 Chapter – 06 – 05
두 종류의 금속으로 폐회로를 만들어 전류를 흘리면 양 접속점에서 열이 흡수되거나 발생하는 현상을 펠티어 효과라 한다.

20 다른 종류의 금속선으로 된 폐회로의 두 접합점의 온도를 달리하였을 때 전기가 발생하는 효과는?

① 톰슨 효과
② 핀치 효과
③ 펠티어 효과
④ 제어백 효과

해설 Chapter – 06 – 05
두 종류의 금속선으로 된 폐회로에 접합점의 온도를 달리하였을 때 전기가 발생하는 현상을 제어백 효과라 한다.

21 정상 전류계에서 J는 전류밀도, σ는 도전율, ρ는 고유저항, E는 전계의 세기일 때, 옴의 법칙의 미분형은?

① $J = \sigma E$
② $J = \dfrac{E}{\sigma}$
③ $J = \rho E$
④ $J = \rho \sigma E$

해설 Chapter 06 – 01
전류밀도 $J = ic = i[\text{A/m}^2]$
$J = \dfrac{I}{s} = \sigma E$

정답 19 ④ 20 ④ 21 ①

22 정상 전류계에서 $\nabla \cdot i = 0$에 대한 설명으로 틀린 것은?

① 도체 내에 흐르는 전류는 연속이다.
② 도체 내에 흐르는 전류는 일정하다.
③ 단위 시간당 전하의 변화가 없다.
④ 도체 내에 전류가 흐르지 않는다.

해설 Chapter 06
정상 전류계에선 도체 내에 전류가 흐른다.

23 저항의 크기가 1[Ω]인 전선이 있다. 전선의 체적을 동일하게 유지하면서 길이를 2배로 늘였을 때 전선의 저항[Ω]은?

① 0.5
② 1
③ 2
④ 4

해설 Chapter 06 – **02**
저항 $R = \rho \dfrac{\ell}{S}$ [Ω] 체적이 동일하므로
$V = S \cdot \ell$ 길이를 2배로 하면
$R' = \rho \dfrac{2\ell}{\dfrac{1}{2}S} = 2^2$
$= 2^2 \times 1 = 4$

24 구리의 고유저항은 20℃에서 1.69×10^{-8} [Ω·m]이고 온도계수는 0.00393이다. 단면적이 2[mm²]이고 100[m]인 구리선의 저항값은 40℃에서 약 몇 [Ω]인가?

① 0.91×10^{-3}
② 1.89×10^{-3}
③ 0.91
④ 1.89

해설 Chapter 06 – **02** – (2)
도체의 저항
$R = \rho \dfrac{\ell}{A} = 1.822 \times 10^{-8} \times \dfrac{100}{2 \times 10^{-6}} = 0.91$ [Ω]
$\rho_2 = \rho_1 [1 + \alpha_1 (T_2 - T_1)]$
$\quad = 1.69 \times 10^{-8} [1 + 0.00393 \times (40 - 20)]$
$\quad = 1.822 \times 10^{-8}$

정답 22 ④ 23 ④ 24 ③

chapter 07

진공중의 정자계

07 CHAPTER 진공중의 정자계

01 쿨롱의 법칙

$$F = \frac{m_1 m_2}{4\pi\mu_0 r^2}[\text{N}]$$

$$= 6.33 \times 10^4 \times \frac{m_1 m_2}{r^2}$$

μ_0(진공의 투자율)
$$= 4\pi \times 10^{-7}[\text{H/m}]$$
↳ $\mu = \mu_0 \mu_s$
(μ_s : 비투자율) 진공 시 $\mu_s = 1$

02 자계의 세기

: 자계 내의 임의의 점에 단위 정자하 +1[Wb]를 놓았을 때 작용하는 힘
단위 정자극 +1[Wb]에 작용하는 힘

- **점자하**

① $H = \dfrac{m \cdot 1}{4\pi\mu_0 r^2}$

$\quad = \dfrac{m}{4\pi\mu_0 r^2}[\text{AT/m}], [\text{A/m}]$

$\quad = 6.33 \times 10^4 \times \dfrac{m}{r^2}$

② $H = \dfrac{F}{m}[\text{N/Wb}]$
$F = mH$

- 정전계

$$F = \frac{Q_1 Q_2}{4\pi\epsilon_0 r^2}[\text{N}]$$

$$= 9 \times 10^9 \times \frac{Q_1 Q_2}{r^2}$$

ϵ_0(진공의 유전율)

$$= 8.855 \times 10^{-12} [\text{F/m}]$$
↳ $\epsilon = \epsilon_0 \epsilon_s$

(ϵ_s : 비유전율) 진공 시 $\epsilon_s = 1$

$1[\text{C}] = 3 \times 10^9 [\text{esu}]$

$1[\text{N}] = 10^5 [\text{dyne}]$

- **전계의 세기**

  단위 점전하 $+1[\text{C}]$에 작용하는 힘

■ **점전하**

① $E = \dfrac{Q \cdot 1}{4\pi\epsilon_0 r^2}$

$\quad = \dfrac{Q}{4\pi\epsilon_0 r^2} [\text{V/m}]$

② $E = \dfrac{F}{Q} [\text{N/C}]$

$\quad F = QE [\text{N}]$

(1) 원주(동축 원통)

① **외부**(무한장 직선)

암페아의 주회적분 법칙

$H\ell = NI$

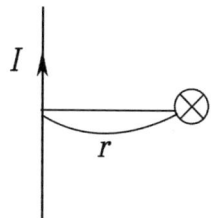

$H = \dfrac{NI}{\ell}$

$\quad = \dfrac{I}{2\pi r} [\text{AT/m}]$

(외부) $E = \dfrac{\lambda}{2\pi\epsilon_0 r} [\text{V/m}]$

② 내부

$$H = \frac{I}{2\pi r} \times \frac{체적(r)}{체적(a)}$$
$$= \frac{I}{2\pi r} \times \frac{\pi r^2 \ell}{\pi a^2 \ell}$$
$$= \frac{rI}{2\pi a^2} [\text{AT/m}]$$

(내부) $E = \dfrac{r \cdot \lambda}{2\pi \epsilon_0 a^2} [\text{V/m}]$

※ 전류가 표면에만 분포된 경우 내부 자계의 세기는 H(내부) = 0

"ps" 유한장 직선

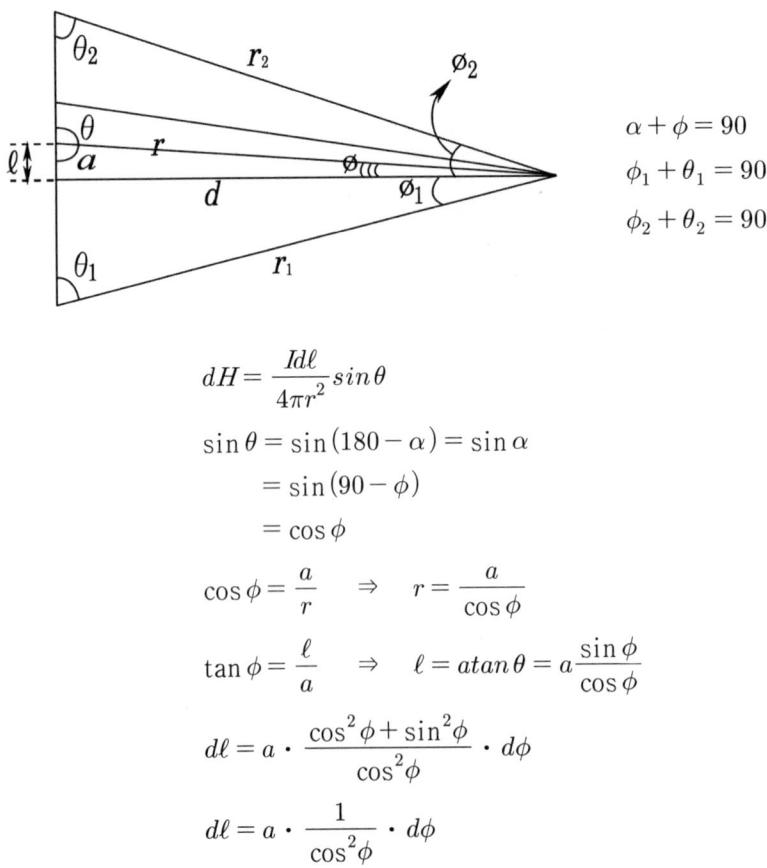

$\alpha + \phi = 90$
$\phi_1 + \theta_1 = 90$
$\phi_2 + \theta_2 = 90$

$$dH = \frac{Id\ell}{4\pi r^2} \sin\theta$$
$$\sin\theta = \sin(180 - \alpha) = \sin\alpha$$
$$= \sin(90 - \phi)$$
$$= \cos\phi$$
$$\cos\phi = \frac{a}{r} \quad \Rightarrow \quad r = \frac{a}{\cos\phi}$$
$$\tan\phi = \frac{\ell}{a} \quad \Rightarrow \quad \ell = a\tan\theta = a\frac{\sin\phi}{\cos\phi}$$
$$d\ell = a \cdot \frac{\cos^2\phi + \sin^2\phi}{\cos^2\phi} \cdot d\phi$$
$$d\ell = a \cdot \frac{1}{\cos^2\phi} \cdot d\phi$$

"ps" $\left[\dfrac{g(x)}{f(x)}\right]' = \dfrac{g'(x)f(x) - g(x)f'(x)}{f(x)^2}$

$r = \dfrac{a}{\cos\phi}$ $\qquad d\ell = a\dfrac{1}{\cos^2\phi}d\phi$

$dH = \dfrac{Id\ell}{4\pi r^2}\sin\theta$

$\begin{aligned}
H = \int dH &= \int_{-\phi_1}^{\phi_2} \dfrac{I}{4\pi\left(\dfrac{a^2}{\cos^2\phi}\right)} \times a\dfrac{1}{\cos^2\phi}d\phi \cdot \cos\phi \\
&= \int_{-\phi_1}^{\phi_2} \dfrac{I}{4\pi a}\cos\phi \cdot d\phi \\
&= \dfrac{I}{4\pi a}(\sin\phi_2 + \sin\phi_1) \qquad \theta_2 + \phi_2 = 90 \\
&\qquad\qquad\qquad\qquad\qquad\qquad \theta_1 + \phi_1 = 90 \\
&= \dfrac{I}{4\pi a}(\sin(90-\phi_2) + \sin(90-\phi_1)) \\
&= \dfrac{I}{4\pi a}(\cos\phi_2 + \cos\phi_1)
\end{aligned}$

(2) 유한장 직선

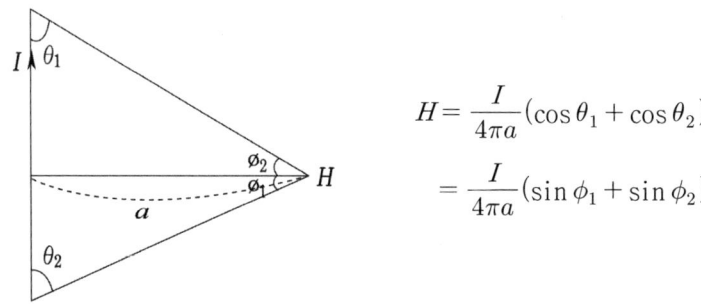

$H = \dfrac{I}{4\pi a}(\cos\theta_1 + \cos\theta_2)$

$\quad = \dfrac{I}{4\pi a}(\sin\phi_1 + \sin\phi_2)$

(3) 반지름이 a인 원형 코일에 전류 I가 흐를 때 원형 코일 중심에서 x만큼 떨어진 지점

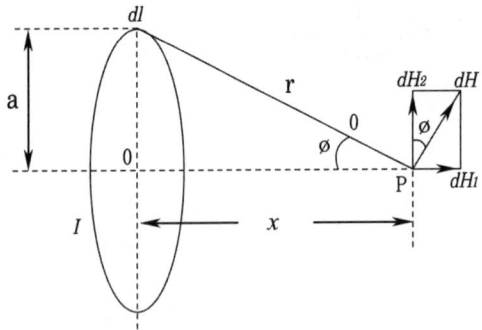

비오사바르 법칙 이용

$$dH = \frac{Id\ell}{4\pi r^2}\sin\theta \quad (\theta \text{는 } r \text{과 전류 방향}(I)\text{가 이루는 각})$$

$$= \frac{Id\ell}{4\pi r^2}$$

$\sin\theta = \dfrac{dH_1}{dH}$ 　　dH_2는 $d\ell$의 위치에 따라서 방향이

변하므로 전구간의 총합은 0이다.

$$H = \int_a^{2\pi a} dH_1$$

$$= \int_0^{2\pi a} dH \sin\theta$$

$$= \int_0^{2\pi a} \frac{Id\ell}{4\pi r^2} \cdot \frac{a}{r}$$

$$= \int_0^{2\pi a} \frac{I}{4\pi(\sqrt{a^2+x^2})^2} \cdot \frac{a}{\sqrt{a^2+x^2}} d\ell$$

$$= \frac{I \cdot a}{4\pi(a^2+x^2)^{\frac{2}{3}}}[\ell]_0^{2\pi a}$$

$$= \frac{I \cdot a}{4\pi(a^2+x^2)^{\frac{3}{2}}}[2\pi a - 0]$$

$$= \frac{I \cdot a}{2(a^2+x^2)^{\frac{3}{2}}}[\text{AT/m}]$$

$$\therefore H = \frac{a^2 NI}{2(a^2+x^2)^{\frac{3}{2}}} [\mathrm{AT/m}]$$

원형 코일의 중심 $(x=0)$

$$H = \frac{NI}{2a}$$

ex. 반원형 중심 H ? $H = \dfrac{NI}{2a} \times \dfrac{1}{2} = \dfrac{1}{4a}$

ex. $\dfrac{3}{4}$ 원 중심 H ? $H = \dfrac{NI}{2a} \times \dfrac{3}{4} = \dfrac{3I}{8a}$

(4) 환상 솔레노이드 : 무단 코일, 트로이드 코일

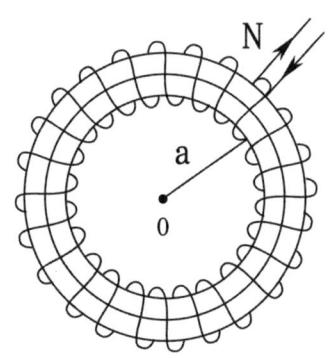

암페어의 주회적분 법칙 이용

$H\ell = NI$

$H = \dfrac{NI}{2\pi a} [\mathrm{AT/m}]$

(내부)

$H=0$ $H=0$

(외부)   (중심)

여기서 $a[\mathrm{m}]$ 평균 반지름

(5) 무한장 솔레노이드

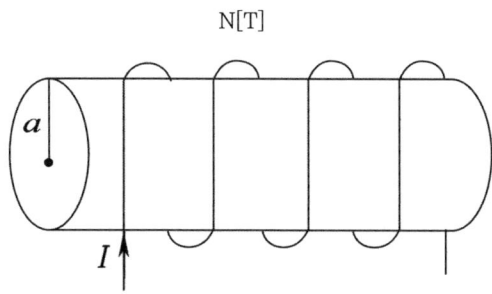

암페어의 주회적분 법칙 이용

$H\ell = NI$

$H = \dfrac{NI}{\ell} = nI [\mathrm{AT/m}]$

(내부) ⇒ N : 권수[회][T]

n : 단위길이당 권수[회/m][T/m]

$H=0$

(외부)

(6) 자계의 세기를 구하는 문제

① 정삼각형 중심

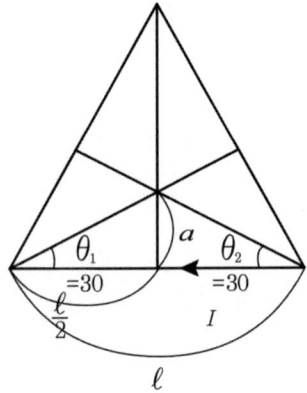

유한장 직선 이용

$$H = \frac{I}{4\pi a}(\cos\theta_1 + \cos\theta_2)$$

$$\tan 30° = \frac{1}{\sqrt{3}} = \frac{a}{\frac{\ell}{2}}$$

$$\Rightarrow \sqrt{3}\,a = \frac{\ell}{2}$$

$$a = \frac{\ell}{2\sqrt{3}}$$

$$H = \frac{I}{4\pi a}(\cos 30° + \cos 30°) \times 3$$

$$= \frac{I}{4\pi \frac{\ell}{2\sqrt{3}}}(\frac{\sqrt{3}}{2} \times 2) \times 3 = \frac{9I}{2\pi\ell}[\text{AT/m}]$$

② 정사각형 중심

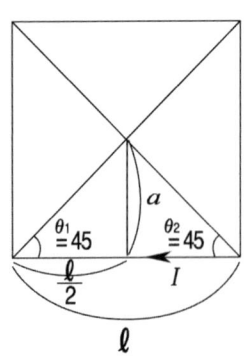

$$\tan 45° = 1 = \frac{a}{\frac{\ell}{2}}$$

$$\frac{\ell}{2} = a$$

$$H = \frac{I}{4\pi a}(\cos 45° + \cos 45°) \times 4$$

$$= \frac{I}{4\pi \frac{\ell}{2}}(\frac{\sqrt{2}}{2} \times 2) \times 4$$

$$= \frac{2\sqrt{2}\,I}{\pi\ell}[\text{AT/m}]$$

③ 정육각형 중심

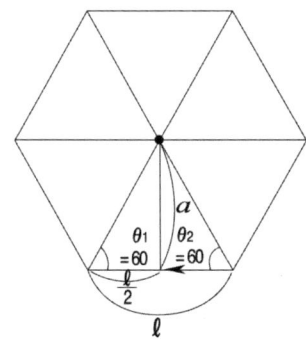

$$\tan 60° = \sqrt{3} = \frac{a}{\frac{\ell}{2}}$$

$$\frac{\sqrt{3}}{2}\ell = a$$

$$H = \frac{I}{4\pi a}(\cos 60° + \cos 60°) \times 6$$
$$= \frac{I}{4\pi \cdot \frac{\sqrt{3}}{2}\ell}(\frac{1}{2} \times 2) \times 6 = \frac{3I}{\sqrt{3}}$$
$$= \frac{\sqrt{3}I}{\pi\ell}[\text{AT/m}]$$

④ 반지름이 R인 원에 내접하는 정 n각형 중심

$$H = \frac{nI}{2\pi R}tan\frac{\pi}{n}$$

03 자위(점자하)

$$u = -\int_{\infty}^{r} H dx$$
$$= \int_{r}^{\infty} \frac{m}{4\pi\mu_0 x^2}$$
$$= \frac{m}{4\pi\mu_0}[-\frac{1}{x}]_{r}^{\infty}$$
$$= \frac{m}{4\pi\mu_0}[-\frac{1}{\infty} - (-\frac{1}{r})]$$
$$= \frac{m}{4\pi\mu_0 r}[\text{AT}], [\text{A}]$$

- 전위 $V = -\int_{\infty}^{r} E dx$

    $= \dfrac{Q}{4\pi\epsilon_0 r} [\text{V}]$

04 자기 쌍극자(막대자석)

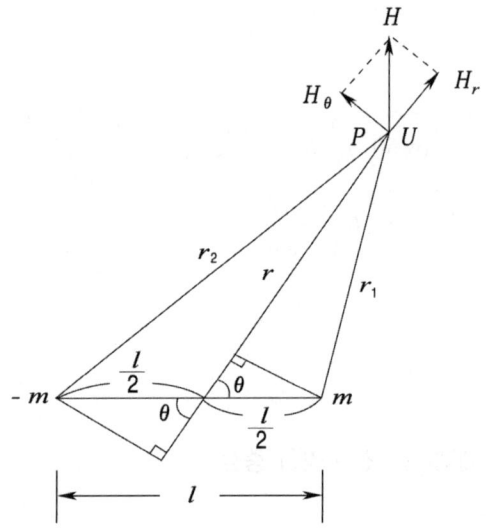

$-m[\text{Wb}]$로부터 점 P까지의 거리를 r_2,

$m[\text{Wb}]$로부터 점 P까지의 거리를 r_1이라고 할 때

$r_1 = r - \dfrac{l}{2}cos\theta$, $r_2 = r + \dfrac{l}{2}cos\theta$가 된다.

여기서 P점의 자위는

$U = U_1 + U_2$이고 이때 각 자위는

$U_1 = \dfrac{m}{4\pi\mu_0 r_1}$, $U_2 = \dfrac{-m}{4\pi\mu_0 r_2}$가 된다.

따라서, 전체 자위 U는

$U = \dfrac{m}{4\pi\mu_0}(\dfrac{1}{r_1} - \dfrac{1}{r_2}) = \dfrac{m}{4\pi\mu_0}(\dfrac{1}{r - \dfrac{l}{2}cos\theta} - \dfrac{1}{r + \dfrac{l}{2}cos\theta})$이므로

위 식을 통분하여 정리하면

$U = \dfrac{m}{4\pi\mu}\left(\dfrac{l\cos\theta}{r^2 - (\dfrac{l}{2}\cos\theta)^2}\right)$의 식을 얻을 수 있다.

이때 $r \gg l$의 조건을 만족하면 위 식은

$U = \dfrac{ml}{4\pi\mu_0 r^2}\cos\theta = \dfrac{M}{4\pi\mu_0 r^2}\cos\theta[\mathrm{A}]$가 된다.

여기서 $M = ml[\mathrm{Wb \cdot m}]$이며 자기 쌍극자 모멘트이다.
r방향의 자계를 H_r이라 하고 이와 직각인 θ 성분의 자계를 H_θ라 하면 전체 자계 H는 벡터 합이므로 $H = |\dot{H}_r + \dot{H}_\theta| = \sqrt{H_r^2 + H_\theta^2}$가 된다.

여기서 $H_r = -\dfrac{dU}{dr} = \dfrac{2M}{4\mu_0 r^3}\cos\theta[\mathrm{AT/m}]$,

$H_\theta = -\dfrac{1}{r}\dfrac{dU}{d\theta} = \dfrac{M}{4\mu_0 r^3}\sin\theta[\mathrm{AT/m}]$가 되므로

전체의 자계의 세기는 $H = \sqrt{H_r^2 + H_\theta^2} = \dfrac{M}{4\pi\mu_0 r^3}\sqrt{4\cos^2\theta + \sin^2\theta}$가 되고

여기서 $\cos^2\theta + \sin^2\theta = 1$이므로

$H = \dfrac{M}{4\pi\mu_0 r^3}\sqrt{4\cos^2\theta + (1-\cos^2\theta)} = \dfrac{M}{4\pi\mu_0 r^3}\sqrt{1+3\cos^2\theta}\,[\mathrm{AT/m}]$가 된다.

$U = \dfrac{M}{4\pi\mu_0 r^2}\cos\theta[\mathrm{AT}]$ $H = \dfrac{M}{4\pi\mu_0 r^3}\sqrt{1+3\cos^2\theta}\,[\mathrm{AT/m}]$	$V = \dfrac{M}{4\pi\epsilon_0 r^2}\cos\theta[\mathrm{V}]$ $E = \dfrac{M}{4\pi\epsilon_0 r^3}\sqrt{1+3\cos^2\theta}\,[\mathrm{V/m}]$
M(자기 쌍극자 모멘트) $= m \cdot \ell[\mathrm{Wb \cdot m}]$ $\theta = 0°$일 때 $U, H \Rightarrow$ 최대 $\theta = 90°$일 때 $U, H \Rightarrow$ 최소	M(전기 쌍극자 모멘트) $= Q \cdot \delta[\mathrm{c \cdot m}]$ $\theta = 0°$일 때 $V, E \Rightarrow$ 최대 $\theta = 90°$일 때 $V, E \Rightarrow$ 최소

05 자기 이중층 (판자석)

$$U = \frac{M}{4\pi\mu_0}w[\text{AT}]$$

$w(\text{입체각})[\text{Sr}]$
- 구 $w = 4\pi[\text{Sr}]$
- 판에 무한히 접근 $w = 4\pi[\text{Sr}]$
- 평면각 $w = 2\pi(1-\cos\theta)[\text{Sr}]$

판자석의 세기 = 판자석의 표면밀도 × 두께
$= \sigma[\text{Wb/m}^2] \times \delta[\text{m}][\text{Wb/m}]$

- 전기 이중층
$$V = \frac{M}{4\pi\epsilon_0}w[\text{V}]$$

06 자속 밀도

$$B = \frac{\phi}{S}$$
$$= \mu_0 H[\text{Wb/m}^2]$$

- 전속 밀도
$$D = \frac{Q}{S}$$
$$= \frac{Q}{4\pi r^2}$$
$$= \epsilon_0 E\,[\text{C/m}^2]$$

07 자기력선 수와 자속선수

자기력선 수 $= \dfrac{m}{\mu_0}$

자속수 $= m$

- 전기력선 수 $= \dfrac{Q}{\epsilon_0}$
- 전속수 $= Q$

08 회전력

(1) 막대자석의 회전력

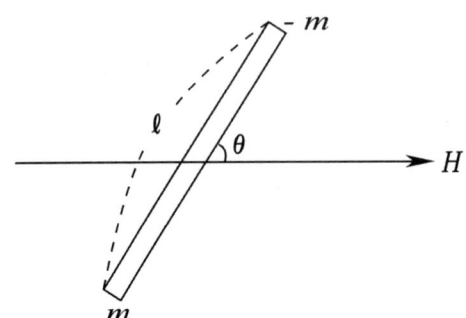

$M = m \cdot \ell [\text{Wb} \cdot \text{m}]$

$T = M \times H$
$ = MH\sin\theta$
$ = m \cdot \ell H \sin\theta [\text{N} \cdot \text{m}]$ θ : 막대자석과 자계가 이루는 각

(2) 평판 코일에 의한 회전력

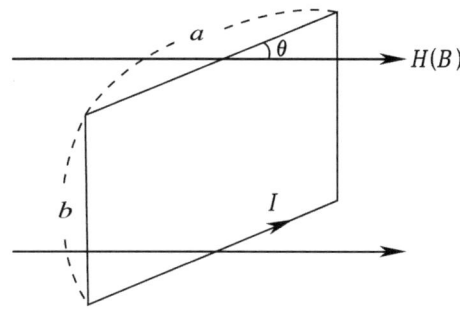

$T = NBSI\cos\theta [\text{N/m}]$

θ : B 즉 자계와 S(면적)의 이루는 각

N : 권수 B : 자속 밀도
S : 면적(ab) I : 전류

09 작용하는 힘

(1) 전류가 흐르는 직선도선을 자계 내에 놓으면 작용하는 힘(선전류에 작용하는 힘)

플레밍의 왼손 법칙(전동기)

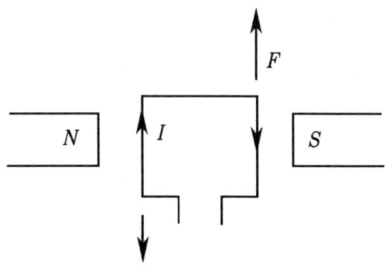

$F = IB\ell \sin\theta [\text{N}]$
$ = (I \times B)\ell$ θ : 전류(I)와 자속 밀도(B)가 이루는 각

┌ 엄지 : 힘의 방향
├ 인지 : 자계 방향
└ 중지 : 전류 방향

ex. $Z(+)$ 방향으로 전류 i_1이 흐르고 있다.

$ABCD$ 방향으로 전류 i_2가 흐르고 있을 때

$Z(+)$ 방향으로 힘이 발생하는 변은?

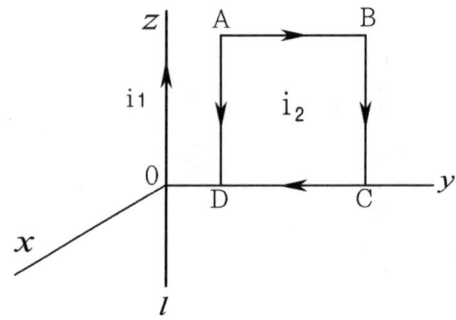

플레밍의 왼손 법칙 적용해서 AB변

(2) 평행 도선 간에 작용하는 힘

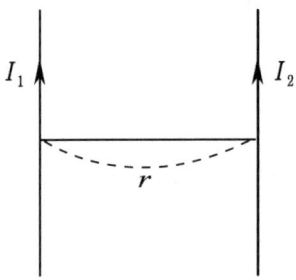

$$F = I_1 B \ell \sin\theta [\text{N}] = I_1 \mu_0 H \ell \sin 90$$

$$= I_1 \mu_0 \frac{I_2}{2\pi r} \ell \times \frac{1}{\ell} [\text{N/m}]$$

$$= \frac{\mu_0 I_1 I_2}{2\pi r} [\text{N/m}] = \frac{4\pi \times 10^{-7}}{2\pi r} \times I_1 I_2$$

$$= \frac{2 I_1 I_2}{r} \times 10^{-7} [\text{N/m}]$$

(3) 하전 입자에 작용하는 힘(로렌츠 힘)

$F = I \cdot B \cdot \ell \sin\theta \, (I\ell = q \cdot v)$

$\quad = qvB\sin\theta \,[\text{N}]$

$\quad = q(v \times B)$

θ : v(속도)와 B(자속 밀도)가 이루는 각

※ 전계와 자계 동시에 존재시
$F = q\{E + (v \times B)\}\,[\text{N}]$

(4) 유도 기전력

플레밍의 오른손 법칙(발전기)

$F = qvB\sin\theta$ 이용

$qE = qvB\sin\theta$

$E = vB\sin\theta$

$e = \int E d\ell = \int vB\sin\theta \, d\ell$

$\quad = vB\ell\sin\theta \,[\text{V}] \Rightarrow \theta$: v(속도)와 B(자속 밀도)가 이루는 각

$\quad = (v \times B)\ell$

(5) 자계 내에서 수직으로 돌입한 전자의 원 운동

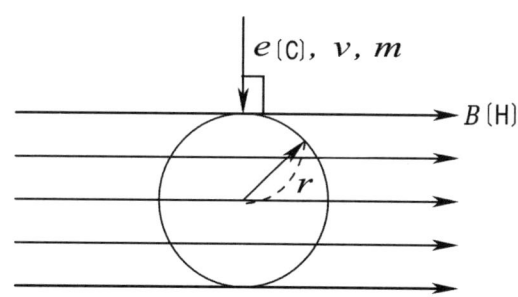

$$F = qvB\sin 90 = \frac{mv^2}{r}\,[\text{N}]$$

$$qB = \frac{mv}{r}$$

① 궤도 변경 $r = \dfrac{mv}{qB}\,[\text{m}]$

② 각속도 $w = \dfrac{v}{r} = \dfrac{v}{\dfrac{mv}{qB}} = \dfrac{qB}{m} = \dfrac{2\pi}{T}\,[\text{rad/s}]$

③ 주기 $T = \dfrac{2\pi m}{qB}\,[\text{s}]$

07 출제예상문제

01 유전율이 $\epsilon_0 = 8.855 \times 10^{-12}$ [F/m]인 진공 내를 전자파가 전파할 때 진공에 대한 투자율은 얼마인가?

① 12.56×10^{-7} [Wb^2/N·m^2]
② 12.56×10^{-7} [eμ]
③ 12.56×10^{-7} [Wb^2/N]
④ 12.56×10^{-7} [m/H]

해설 Chapter − 07 − **01**

$$F = \frac{m_1 m_2}{4\pi \mu_0 r^2}$$

$$\mu_0 = \frac{m_1 m_2}{F \cdot 4\pi r^2} = 4\pi \times 10^{-7} = 12.56 \times 10^{-7} [\text{Wb}^2/\text{N} \cdot \text{m}^2]$$

02 공기 중에서 가상 접지극 m_1, m_2[Wb]를 r[m] 떼어 놓았을 때 두 자극 간의 작용력이 F[N]이었다면 이때의 거리 r[m]는?

① $\sqrt{\dfrac{m_1 m_2}{F}}$

② $\dfrac{6.33 \times 10^4 m_1 m_2}{F}$

③ $\sqrt{\dfrac{6.33 \times 10^4 \times m_1 m_2}{F}}$

④ $\sqrt{\dfrac{9 \times 10^9 \times m_1 m_2}{F}}$

해설 Chapter − 07 − **01**

$$F = \frac{1}{4\pi\mu_0} \cdot \frac{m_1 m_2}{r^2} = 6.33 \times 10^4 \frac{m_1 m_2}{r^2} [\text{N}]$$

$$r^2 = \frac{6.33 \times 10^4 \times m_1 m_2}{F}$$

$$\therefore r = \sqrt{\frac{6.33 \times 10^4 \times m_1 m_2}{F}}$$

정답 01 ① 02 ③

03 공기 중에서 2.5×10^{-4}[Wb]와 4×10^{-3}[Wb]의 두 자극 사이에 작용하는 힘이 6.33[N]이었다면 두 자극 간의 거리[cm]는?

① 1 ② 5 ③ 10 ④ 100

해설 Chapter – 07 – **01**

$$F = 6.33 \times 10^4 \times \frac{m_1 m_2}{r^2}$$

$$r = \sqrt{\frac{6.33 \times 10^4 \times m_1 m_2}{F}} = \sqrt{\frac{6.33 \times 10^4 \times 2.5 \times 10^{-4} \times 4 \times 10^{-3}}{6.33}}$$

$$= 10^{-1}[m] = 10[cm]$$

04 자극의 크기 m = 4[Wb]의 점자극으로부터 r = 4[m] 떨어진 점의 자계의 세기[A/m]를 구하면?

① 7.9×10^3 ② 6.3×10^4 ③ 1.6×10^4 ④ 1.3×10^3

해설 Chapter – 07 – **02** – (1)

$$H = 6.33 \times 10^4 \times \frac{m}{r^2} = 6.33 \times 10^4 \times \frac{4}{4^2} = 1.6 \times 10^4$$

05 1,000[AT/m]의 자계 중에 어떤 자극을 놓았을 때 3×10^2[N]의 힘을 받았다고 한다. 자극의 세기[Wb]는?

① 0.1 ② 0.2 ③ 0.3 ④ 0.4

해설 Chapter – 07 – **02** – (1)

$$F = mH$$

$$m = \frac{F}{H} = \frac{3 \times 10^2}{1,000} = 3 \times 10^{-1} = 0.3[Wb]$$

정답 03 ③ 04 ③ 05 ③

06 비투자율 μ_s, 자속 밀도 B인 자계 중에 있는 m[Wb]의 자극이 받는 힘은?

① $\dfrac{Bm}{\mu_0 \mu_s}$ ② $\dfrac{Bm}{\mu_0}$ ③ $\dfrac{\mu_s \mu_0}{Bm}$ ④ $\dfrac{Bm}{\mu_s}$

해설 Chapter – 07 – 02 – (1)
$F = mH = m\dfrac{B}{\mu_0 \mu_s}$[N] ($B = \mu_0 \mu_s H$에서 $H = \dfrac{B}{\mu_0 \mu_s}$)

07 비오-사바르의 법칙으로 구할 수 있는 것은?

① 자계의 세기   ② 전계의 세기
③ 전하 사이의 힘   ④ 자계 사이의 힘

해설 Chapter – 07 – 02
비오사바르 법칙
$\triangle H = \dfrac{I \cdot \triangle \ell}{4\pi r^2}\sin\theta$ 에서 자계의 세기를 구할 수 있다.

08 전류 I[A]에 대한 P의 자계 H[A/m]의 방향이 옳게 표시된 것은? (단, ⊙ 및 ⊗는 자계의 방향 표시이다.)

① 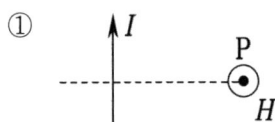   ②

③ 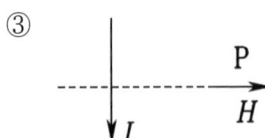   ④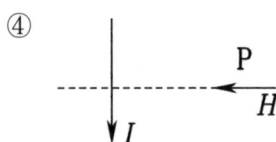

해설 Chapter – 07 – 02 – (2)
암페아의 오른나사 법칙

정답 06 ① 07 ① 08 ②

09 무한 직선 도체의 전류에 의한 자계가 직선 도체로부터 1[m] 떨어진 점에서 1[AT/m]로 될 때 도체의 전류 크기는 몇 [A]인가?

① $\dfrac{\pi}{2}$ ② π

③ $\dfrac{3\pi}{2}$ ④ 2π

해설 Chapter − 07 − **02** − (2)
무한장 직선에 전류 I가 흐를 때 r 만큼 떨어진 지점의 자계의 세기
$H = \dfrac{I}{2\pi r}$ [AT/m]

$I = 2\pi r \cdot H = 2\pi \times 1 \times 1 = 2\pi$[A]

10 전전류 I[A]가 반지름 a[m]의 원주를 흐를 때 원주 내부 중심에서 r[m] 떨어진 원주 내부의 점의 자계 세기[AT/m]는?

① $\dfrac{rI}{2\pi a^2}$

② $\dfrac{I}{2\pi a^2}$

③ $\dfrac{rI}{\pi a^2}$

④ $\dfrac{I}{\pi a^2}$

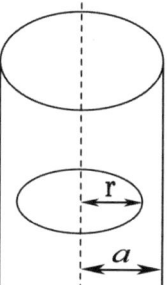

해설 Chapter − 07 − **02** − (2)
무한장 직선에 전류 I가 흐를 때 r 만큼 떨어진 지점의 자계의 세기
$H = \dfrac{I}{2\pi r}$[AT/m]

내부자계의 세기는 체적에 비례
$H = \dfrac{I}{2\pi r} \times \dfrac{\pi r^2 l}{\pi a^2 l} = \dfrac{rI}{2\pi a^2}$ [AT/m]

정답 09 ④ 10 ①

11 단면 반지름 a인 원통 도체에 직류 전류 I가 흐를 때 자계 H는 원통축으로부터의 거리 r에 따라 어떻게 변하는가?

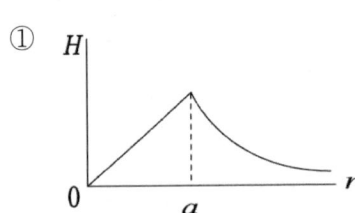
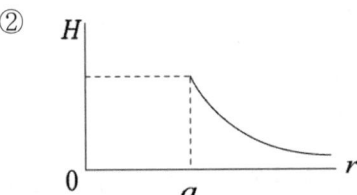
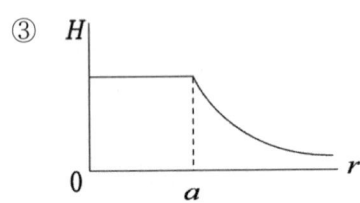
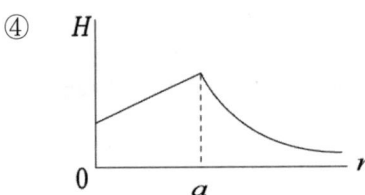

해설 Chapter – 07 – **02** – (2)

H(외부의 자계) $= \dfrac{I}{2\pi r} \propto \dfrac{1}{r}$

H(내부의 자계) $= \dfrac{rI}{2\pi a^2} \propto r$

∴ 내부자계의 거리에 비례
  외부자계는 거리에 반비례

12 무한 직선 전류에 의한 자계는 전류에서의 거리에 대하여 ( )의 형태로 감소한다. ( )에 알맞은 것은?

① 포물선 ② 원 ③ 타원 ④ 쌍곡선

해설 Chapter – 07 – **02** – (2)

$H = \dfrac{I}{2\pi r} \propto \dfrac{1}{r}$

정답 11 ① 12 ④

13 그림과 같이 평행한 무한장 직선도체에 I, $4I$인 전류가 흐른다. 두 선 사이의 점 P의 자계의 세기가 0이라고 하면 $\dfrac{a}{b}$는 얼마인가?

① $\dfrac{a}{b} = 2$
② $\dfrac{a}{b} = 4$
③ $\dfrac{a}{b} = \dfrac{1}{2}$
④ $\dfrac{a}{b} = \dfrac{1}{4}$

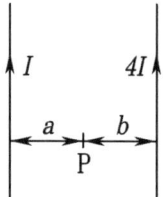

해설 Chapter – 07 – **02** – (2)

I[A] 도선에 의한 자계세기 $H_1 = \dfrac{I}{2\pi a}$

$4I$[A] 도선에 의한 자계세기 $H_2 = \dfrac{4I}{2\pi b}$

$H_1 = H_2$

$\dfrac{I}{2\pi a} = \dfrac{4I}{2\pi b}$ 에서 $\dfrac{a}{b} = \dfrac{1}{4}$

14 그림과 같은 l_1[m]에서 l_2[m]까지 전류 I[A]가 흐르고 있는 직선도체에서 수직 거리 a[m] 떨어진 점 P의 자계[AT/m]를 구하면?

① $\dfrac{I}{4\pi a}(\sin\theta_1 + \sin\theta_2)$

② $\dfrac{I}{4\pi a}(\cos\theta_1 + \cos\theta_2)$

③ $\dfrac{I}{2\pi a}(\sin\theta_1 + \sin\theta_2)$

④ $\dfrac{I}{2\pi a}(\cos\theta_1 + \cos\theta_2)$

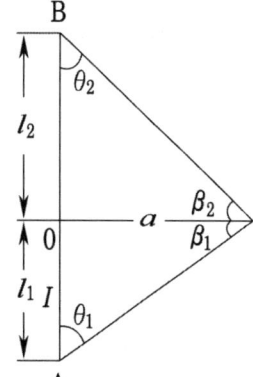

해설 Chapter – 07 – **02** – (3)

$H = \dfrac{I}{4\pi a}(\cos\theta_1 + \cos\theta_2)$

$H = \dfrac{I}{4\pi a}(\sin\beta_1 + \sin\beta_2)$

정답 13 ④ 14 ②

15 그림과 같은 길이 $\sqrt{3}$ [m]인 유한장 직선 도선에 π[A]의 전류가 흐를 때 도선의 일단 B에서 수직하게 1[m] 되는 P점의 자계의 세기[AT/m]는?

① $\dfrac{\sqrt{3}}{8}$ ② $\dfrac{\sqrt{3}}{4}$

③ $\dfrac{\sqrt{3}}{2}$ ④ $\sqrt{3}$

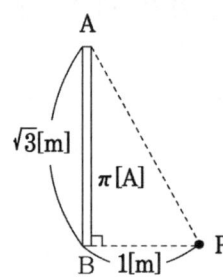

해설 Chapter – 07 – **02** – (3)

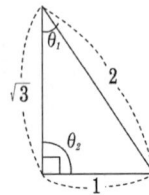

$\cos\theta_1 = \dfrac{\sqrt{3}}{2}$

$\cos\theta_2 = \cos 90° = 0$

$H = \dfrac{I}{4\pi d}(\cos\theta_1 + \cos\theta_2)$

$= \dfrac{\pi}{4\pi \cdot 1}\left(\dfrac{\sqrt{3}}{2} + \cos 90\right)$

$= \dfrac{\sqrt{3}}{8}$

16 그림과 같이 반경 a[m]인 원형 코일에 전류 I[A]가 흐를 때 중심선상의 P점에서 자계의 세기는 몇 [A/m]인가?

① $\dfrac{a^2 I}{2(a^2+x^2)}$

② $\dfrac{a^2 I}{2(a^2+x^2)^{1/2}}$

③ $\dfrac{a^2 I}{2(a^2+x^2)^2}$

④ $\dfrac{a^2 I}{2(a^2+x^2)^{3/2}}$

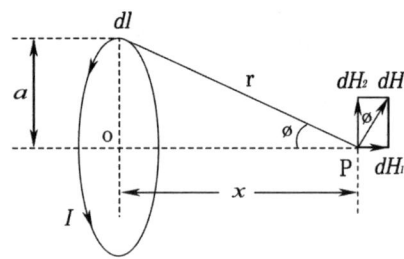

해설 Chapter – 07 – **02** – (4)

원형 코일 중심의 자계세기 $H = \dfrac{a^2 NI}{2(a^2+x^2)^{\frac{3}{2}}}$

문제에서 권수에 대한 언급이 없을 때는 권수는 1로 본다.

정답 15 ① 16 ④

17 반지름 a[m]인 원형 코일에 전류 I[A]가 흘렀을 때 코일 중심의 자계의 세기[AT/m]는?

① $\dfrac{I}{2a}$ ② $\dfrac{I}{4a}$

③ $\dfrac{I}{2\pi a}$ ④ $\dfrac{I}{4\pi a}$

해설 Chapter − 07 − **02** − (4)
반지름이 a인 원형 코일에 전류 I가 흐를 때 x만큼 떨어진 지점의 자계의 세기
$H = \dfrac{a^2 NI}{2(a^2+x^2)^{3/2}}$ [AT/m]

원형 코일 중심의 자계의 세기는 x가 0일 때의 자계의 세기($x=0$)
$H = \dfrac{NI}{2a}$ [AT/m]

문제에서 권수에 대한 언급이 없으므로 (권수)는 1로 본다.

18 그림과 같이 반지름 1[m]의 반원과 2줄의 반무한장 직선으로 된 도선에 전류가 4[A]가 흐를 때 반원의 중심 O에서의 자계의 세기[AT/m]는?

① 0.5
② 1
③ 2
④ 4

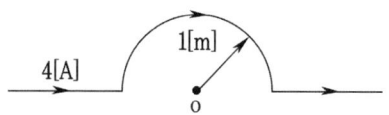

해설 Chapter − 07 − **02** − (4)
반지름이 a인 원형 코일에 전류 I가 흐를 때 x만큼 떨어진 지점의 자계의 세기
$H = \dfrac{a^2 NI}{2(a^2+x^2)^{3/2}}$ [AT/m]

원형 코일 중심의 자계의 세기는 x가 0일 때의 자계의 세기
$H = \dfrac{NI}{2a}$ [AT/m]

$H = \dfrac{I}{2a} \times \dfrac{1}{2} = \dfrac{4}{2 \times 1} \times \dfrac{1}{2}$

$= 1$ [AT/m]
(2줄의 반무한장 직선 도선 전류에 의한 중심 O점의 자계의 세기는 0이다.)

정답 17 ① 18 ②

19 그림과 같이 반지름 a인 원의 일부(3/4원)에만 무한장 직선을 연결시키고 화살표 방향으로 전류 I가 흐를 때 부분 원의 중심 O점의 자계의 세기를 구한 값은?

① 0 ② $\dfrac{3I}{4a}$

③ $\dfrac{I}{4\pi a}$ ④ $\dfrac{3I}{8a}$

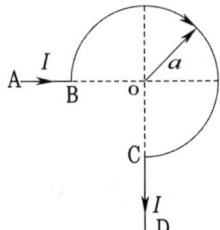

해설 Chapter – 07 – **02** – (4)

반지름이 a인 원형 코일에 전류 I가 흐를 때 x만큼 떨어진 지점의 자계의 세기

$$H = \frac{a^2 NI}{2(a^2+x^2)^{3/2}} \text{[AT/m]}$$

원형 코일 중심의 자계의 세기는 x가 0일 때의 자계의 세기

$H = \dfrac{NI}{2a}$ [AT/m], $\dfrac{3}{4}$ 원이므로

$H = \dfrac{I}{2a} \times \dfrac{3}{4} = \dfrac{3I}{8a}$[AT/m]

(2줄의 반무한장 직선 도선 전류에 의한 중심 O점의 자계 세기는 0이다.)

20 그림과 같이 반지름 a[m]인 원의 3/4 되는 점 BC에 반무한장 직선 BA 및 CD가 연결되어 있다. 이 회로에 I[A]를 흘릴 때 원 중심 O의 자계의 세기[AT/m]는?

① $\dfrac{(\pi+1)}{2\pi a} \cdot I$ ② $\dfrac{(3\pi-2)}{8\pi a} \cdot I$

③ $\dfrac{(3\pi+2)}{8\pi a} \cdot I$ ④ $\dfrac{3}{8a} \cdot I$

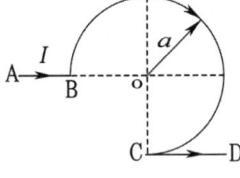

해설 Chapter – 07 – **02** – (4)

H_1 : 반무한장 직선 전류 I가 흐를 때 중심 O점에서 자계의 세기
H_2 : 크기가 3/4인 원형 코일에 전류 I가 흐를 때 원형 코일 중심 O점에서 자계의 세기
H_3 : 반무한장 직선에 전류 I가 흐를 때 자계의 세기

$H_1 = 0$(암페어의 오른나사 법칙에 의하여 중심 O점에서 자계의 세기는 0이다.)

$H = H_2 - H_3$(암페어의 오른나사 법칙에 의하여 중심에서 자계세기 H_1과 H_2는 반대 방향이다.)

$= \left(\dfrac{I}{2a} \times \dfrac{3}{4}\right) - \left(\dfrac{I}{2\pi a} \times \dfrac{1}{2}\right)$

$= \dfrac{3I}{8a} - \dfrac{I}{4\pi a} = \dfrac{(3\pi-2)}{8\pi a} I$[AT/m]

정답 19 ④ 20 ②

21 그림과 같이 권수 N[회], 평균 반지름 r[m]인 환상 솔레노이드에 전류가 흐를 때 중심 0점의 자계의 세기[AT/m]는?

① 0
② NI
③ $\dfrac{NI}{2\pi r}$
④ $\dfrac{NI}{2\pi r^2}$

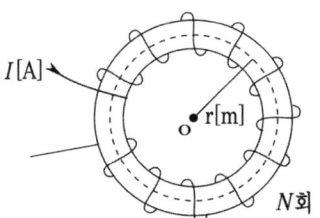

해설 Chapter − 07 − 02 − (5)
솔레노이드 외부자계의 세기는 '0'이다.

22 반지름 2[m], 권수가 100회인 환상 솔레노이드의 중심에 30[AT/m]의 자계를 발생시키려면 몇 [A]의 전류를 흘려야 하는가?

① $\dfrac{12}{10}\pi$
② $\dfrac{3}{4}\times 10^3$
③ $\dfrac{300}{2\pi}$
④ $\dfrac{200}{3\pi}$

해설 Chapter − 07 − 02 − (5)
환상 솔레노이드 내부자계의 세기(언급이 없을 때는 내부자계의 세기로 본다.)
$H = \dfrac{NI}{2\pi a}$ [AT/m]
$H = \dfrac{NI}{2\pi a}$ $I = \dfrac{2\pi a H}{N} = \dfrac{2\pi \times 2 \times 30}{100} = \dfrac{12}{10}\pi$ [A]

23 환상 솔레노이드의 단위 길이당 권수를 n[회/m], 전류를 I[A], 반지름을 a[m]라 할 때 솔레노이드 외부의 자계의 세기는 몇 [AT/m]인가? (단, 주위 매질은 공기이다.)

① 0
② nI
③ $\dfrac{I}{4\pi\epsilon_0 a}$
④ $\dfrac{nI}{2a}$

해설 Chapter − 07 − 02 − (5)
환상 솔레노이드 외부자계의 세기
$H = 0$

정답 21 ① 22 ① 23 ①

24 1[cm]마다 권수가 100인 무한장 솔레노이드에 20[mA]의 전류를 유통시킬 때 솔레노이드 내부의 자계의 세기[AT/m]는?

① 10   ② 20   ③ 100   ④ 200

해설 Chapter – 07 – **02** – (6)
무한장 솔레노이드 내부자계의 세기(언급이 없을 때는 내부자계의 세기로 본다.)

$H = \dfrac{N}{l}I = nI$ [AT/m] N : 권수 n : 단위 길이당 권수

$H = \dfrac{N}{l}I = \dfrac{100}{10^{-2}} \times 20 \times 10^{-3}$

$= 200$ [AT/m]

25 한 변의 길이가 2[cm]인 정삼각형 회로에 100[mA]의 전류를 흘릴 때 삼각형의 중심점 자계의 세기[AT/m]는?

① 3.6   ② 5.4   ③ 7.2   ④ 2.7

해설 Chapter – 07 – **02** – (7)
정삼각형 도체에 전류 I가 흐르고 한변의 길이가 l일 때 정삼각형 중심의 자계의 세기

$H = \dfrac{9I}{2\pi l}$ [AT/m] $= \dfrac{9 \times 0.1}{2\pi \times 2 \times 10^{-2}} = 7.2$ [AT/m]

26 8[m] 길이의 도선으로 만들어진 정방형 코일에 π[A]가 흐를 때 중심에서의 자계의 세기 [A/m]는?

① $\dfrac{\sqrt{2}}{2}$ ② $\sqrt{2}$ ③ $2\sqrt{2}$ ④ $4\sqrt{2}$

해설 Chapter – 07 – **02** – (7)
정사각형(정방형) 도체에 전류 I가 흐르고 한 변의 길이가 $l = 2$[m]일 때 정사각형 중심의 자계의 세기

$H = \dfrac{2\sqrt{2}\,I}{\pi l}$ [AT/m]

$= \dfrac{2\sqrt{2} \times \pi}{\pi \times 2} = \sqrt{2}$ [A/m]

정답 24 ④ 25 ③ 26 ②

27 그림과 같이 한변의 길이가 ℓ[m]인 정6각형 회로에 전류 I[A]가 흐르고 있을 때 중심 자계의 세기는 몇 [A/m]인가?

① $\dfrac{1}{2\sqrt{3}}\dfrac{1}{\pi\ell}\times I$

② $\dfrac{2\sqrt{2}}{\pi\ell}\times I$

③ $\dfrac{\sqrt{3}}{\pi\ell}\times I$

④ $\dfrac{\sqrt{3}}{2\,\pi\ell}\times I$

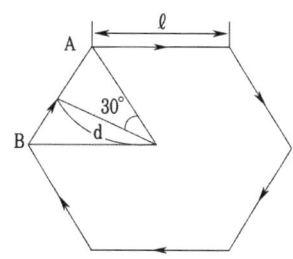

해설 Chapter – 07 – **02** – (7)
정육각형 중심점의 자계 세기 $H_6 = \dfrac{\sqrt{3}\,I}{\pi\ell}$ [AT/m]

28 지름 a[m]인 원에 내접하는 정 n 변형의 회로에 I[A]가 흐를 때, 그 중심에서의 자계 세기 [AT/m]는?

① $\dfrac{nI\tan\dfrac{\pi}{n}}{2\pi a}$ ② $\dfrac{nI\sin\dfrac{\pi}{n}}{2\pi a}$ ③ $\dfrac{nI\tan\dfrac{\pi}{n}}{\pi a}$ ④ $\dfrac{nI\sin\dfrac{\pi}{n}}{\pi a}$

해설 Chapter – 07 – **02** – (7)
반지름이 R인 원에 내접하는 n변형 도체에 전류 I가 흐를 때
중심의 자계의 세기 $H = \dfrac{nI}{2\pi R}\tan\dfrac{\pi}{n}$ [AT/m]
문제에서 지름이 주어졌으므로 R 대신 $\dfrac{a}{2}$ 대입 $H = \dfrac{nI}{\pi a}\tan\dfrac{\pi}{n}$ [AT/m]

29 반경 R인 원에 내접하는 정 n 각형의 회로에 전류 I가 흐를 때 원중심점에서 자속 밀도는 얼마인가?

① $\dfrac{n\mu_0 I}{2\pi R}\tan\dfrac{\pi}{n}$ [Wb/m^2]

② $\dfrac{\mu_0 I}{\pi R}\cos\dfrac{\pi}{n}$ [Wb/m^2]

③ $\dfrac{I}{2\pi\mu_0 R}\tan\dfrac{2\pi}{n}$ [Wb/m^2]

④ $\dfrac{2\pi R}{\tan\dfrac{\pi}{n}}$ [Wb/m^2]

정답 27 ③ 28 ③ 29 ①

해설 Chapter − 07 − **02** − (7)
정 n각형 중심의 자계
$$H_n = \frac{nI}{2\pi R}\tan\frac{\pi}{n}$$
$$B = \mu_0 H = \mu_0 \cdot \frac{nI}{2\pi R} \times \tan\frac{\pi}{n}\,[\text{Wb/m}^2]$$

30 한 변의 길이가 2[m]인 정방형 코일에 3[A]의 전류가 흐를 때 코일 중심에서의 자속 밀도는 몇 [Wb/m²]인가? (단, 진공 중에서임)

① 7×10^{-6} ② 1.7×10^{-6}
③ 7×10^{-5} ④ 1.7×10^{-5}

해설 Chapter − 07 − **02** − (7)
$$B = \mu_0 H$$
$$= \mu_0 \frac{2\sqrt{2}\,I}{\pi\ell}$$
$$= 4\pi \times 10^{-7} \times \frac{2\sqrt{2}\times 3}{\pi \times 2}$$
$$= 1.7 \times 10^{-6}$$

31 자기 쌍극자에 의한 자계는 쌍극자 중심으로부터의 거리의 몇 승에 반비례하는가?

① 1   ② 3/2   ③ 2   ④ 3

해설 Chapter − 07 − **04**
$$H = \frac{M}{4\pi\mu_0 r^3}\sqrt{1+3\cos^2\theta} \propto \frac{1}{r^3}$$
∴ 자계는 거리 3승에 반비례

32 길이 $l = 10$[cm], 자극의 세기 $\pm 8 \times 10^{-6}$[Wb]인 막대자석이 있다. 자석의 중심 O에서 수직으로 $r = 2$[m]만큼 떨어진 점 P의 자계의 세기[N/Wb]는? (단, $r \gg l$의 관계로 계산하여라.)

① 6.33×10^{-3} ② 1.3×10^{-2}
③ 2.6×10^{-2} ④ 6.33×10^{-2}

정답 30 ② 31 ④ 32 ①

해설 Chapter − 07 − **04**

$H = \dfrac{M}{4\pi\mu_0 r^3}\sqrt{1+3\cos^2\theta}$ [AT/m]　　　$\theta = 90$　　　$M = ml$

$= \dfrac{m\ell}{4\pi\mu_0 r^3}$

$= 6.33 \times 10^4 \times \dfrac{8\times 10^{-6} \times 10^{-1}}{2^3} \times 1$

$= 6.33 \times 10^{-3}$ [AT/m]

33 세기 M이 균일한 판자석의 S극축으로부터 r [m] 떨어진 점 P의 자위는? (단, 점 P에서 판자석을 본 입체각을 ω라 한다.)

① $\dfrac{M}{4\pi\mu_0}\omega$　　② $-\dfrac{M}{4\pi\mu_0}\omega$　　③ $-\dfrac{M}{4\pi\mu_0 r}\omega$　　④ $\dfrac{M}{4\pi\mu_0 r}\omega$

해설 Chapter − 07 − **05**

N 극 : +,　S 극 : −
전기 2 중층(판자석)에서 자위
$U = -\dfrac{M}{4\pi\mu_0}\omega$ [AT]

34 그림과 같은 자기 모멘트 M [Wb/m]인 판자석의 N과 S극 측에 입체각 ω_1, ω_2인 P점과 Q점이 판에 무한히 접근해 있을 때 두 점 사이의 자위차[J/Wb]는? (단, 판자석의 표면밀도를 $\pm\sigma$ [Wb/m²]라 하고 두께를 δ [m]라 할 때 $M = \delta\sigma$ [Wb/m]이다.)

① $\dfrac{M}{\mu_0}$

② $\dfrac{M}{4\pi\mu_0}$

③ $\dfrac{2M}{4\pi\mu_0}(\omega_1 - \omega_2)$

④ 0

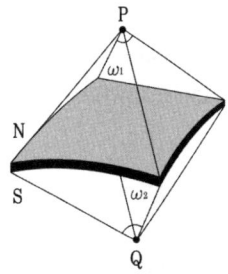

해설 Chapter − 07 − **05**

$u = \dfrac{M}{4\pi\mu_0}\omega$　(ω(입체각)은 무한히 접근해 있으므로 4π로 본다.)

$= \dfrac{M}{\mu_0}$

35
판자석의 표면 밀도 $\pm\sigma$[Wb/m²]라고 하고 두께를 δ[m]라 할 때 이 판자석의 세기는?

① $\sigma\delta$ ② $\frac{1}{2}\sigma\delta$ ③ $\frac{1}{2}\sigma\delta^2$ ④ $\sigma\delta^2$

해설 Chapter – 07 –
판자석의 세기 = 판자석의 표면 밀도 × 두께 = $\sigma\cdot\delta$ [Wb/m]

36
그림과 같이 균일한 자계의 세기 H[AT/m] 내에 자극의 세기가 $\pm m$[Wb], 길이 l[m]인 막대 자석을 중심 주위에 회전할 수 있도록 놓는다. 이때 자석과 자계의 방향이 이룬 각을 θ라 하면 자석이 받는 회전력[N·m]은?

① $mHl\cos\theta$
② $mHl\sin\theta$
③ $2mHl\sin\theta$
④ $2mHl\tan\theta$

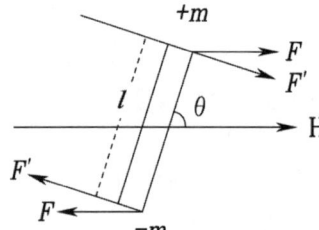

해설 Chapter – 07 – 08 – (1)
막대자석의 회전력
$T = M \times H$
$\quad = MH\sin\theta$
$\quad = mlH\sin\theta$[N·m]

37
평등 자장 H인 곳에서 자기 모멘트 M을 자장과 수직 방향으로 놓았을 때, 이 자석의 회전력[N·m]은?

① M/H ② H/M
③ MH ④ $1/MH$

해설 Chapter – 07 – 08 – (1)
막대자석의 회전력
$T = MH\sin\theta$
$\quad = MH\sin 90$
$\quad = MH$[N·m]

정답 35 ① 36 ② 37 ③

38 자극의 세기 8×10^{-6}[Wb], 길이 5[cm]인 막대자석을 150[AT/m]의 평등 자계 내에 자계와 30°의 각도로 놓았다면 자석이 받는 회전력[N·m]은?

① 1.2×10^{-2}
② 3×10^{-5}
③ 5.2×10^{-6}
④ 2×10^{-7}

해설 Chapter − 07 − **08** − (1)
막대자석의 회전력
$T = MH \sin\theta$ [N·m]
$T = mlH \sin\theta$
$\quad = 8 \times 10^{-6} \times 5 \times 10^{-2} \times 150 \times \sin 30$
$\quad = 6,000 \times 10^{-8} \times \frac{1}{2} = 3 \times 10^{-5}$ [N·m]

39 자계 B의 안에 놓여 있는 전류 I의 회로 C가 받는 힘 F의 식으로 옳은 것은?

① $F = \oint_c (Idl) \times B$
② $F = \oint_c (IB) \times dl$
③ $F = \oint_c (Idl) \cdot (B)$
④ $F = \oint_c (-IB) \cdot (dl)$

해설 Chapter − 07 − **09** − (1)
전류가 흐르는 도선을 자계 내에 놓으면 작용하는 힘
$F = IBl \sin\theta = (I \times B)l$ [N], $\oint_c 1 dl = l$을 대입

40 1[Wb/m²]의 자속 밀도에 수직으로 놓인 10[cm]의 도선에 10[A]의 전류가 받는 힘은?

① 0.5[N]
② 1[N]
③ 5[N]
④ 10[N]

해설 Chapter − 07 − **09** − (1)
$F = IBl \sin\theta$에서
$F = 10 \times 1 \times 0.1 \times \sin 90° = 1$ [N]

정답 38 ② 39 ① 40 ②

41 자계 내에서 도선에 전류를 흘려보낼 때 도선을 자계에 대해 60°의 각으로 놓았을 때 작용하는 힘은 30°각으로 놓았을 때 작용하는 힘의 몇 배인가?

① 1.2   ② 1.7   ③ 3.1   ④ 3.6

해설 Chapter - 07 - **09** - (1)
전류가 흐르는 도선을 자계 내에 놓으면 작용하는 힘
$F = IBl \sin\theta$

$$\frac{F_{60}}{F_{30}} = \frac{\sin 60}{\sin 30} = \frac{\frac{\sqrt{3}}{2}}{\frac{1}{2}} = \sqrt{3} = 1.732$$

42 전류 I_1[A], I_2[A]가 각각 같은 방향으로 흐르는 평행 도선이 r[m] 간격으로 공기 중에 놓여 있을 때 도선 간에 작용하는 힘은?

① $\frac{2I_1 I_2}{r} \times 10^{-7}$ [N/m], 인력

② $\frac{2I_1 I_2}{r} \times 10^{-7}$ [N/m], 반발력

③ $\frac{2I_1 I_2}{r^2} \times 10^{-3}$ [N/m], 인력

④ $\frac{2I_1 I_2}{r^2} \times 10^{-7}$ [N/m], 반발력

해설 Chapter - 07 - **09** - (2)
평행 도선에 전류 I_1, I_2가 흐르고 r 만큼 떨어져 있을 때 평행 도선에 작용하는 힘

$$F = \frac{\mu_0 I_1 I_2}{2\pi r} = \frac{2I_1 I_2}{r} \times 10^{-7} [\text{N/m}]$$

전류가 동일 방향 : 흡인력(인력)
전류가 반대 방향 : 반발력

43 일정한 간격을 두고 떨어진 두 개의 긴 평행 도선에 전류가 각각 서로 반대 방향으로 흐를 때 단위 길이당 두 도선 간에 작용하는 힘은 어떻게 되는가?

① 두 전류의 곱에 비례하고 도선 간의 거리의 제곱에 반비례하며 반발력이다.
② 두 전류의 곱에 비례하고 도선 간의 거리에 반비례하며 반발력이다.
③ 두 전류의 곱에 비례하고 도선 간의 거리의 3승에 반비례하며 흡인력이다.
④ 두 전류의 곱에 비례하고 도선 간의 거리에 무관하고 흡인력이다.

정답 41 ② 42 ① 43 ②

해설 Chapter - 07 - **09** - (2)
평행 도선에 전류 I_1, I_2가 흐르고 r 만큼 떨어져 있을 때 평행 도선에 작용하는 힘
$$F = \frac{\mu_0 I_1 I_2}{2\pi r} = \frac{2I_1 I_2}{r} \times 10^{-7} [\text{N/m}]$$

44 평행 도선에 같은 크기의 왕복 전류가 흐를 때 두 도선 사이에 작용하는 힘과 관계되는 것 중 옳은 것은?

① 간격의 제곱에 반비례한다.
② 간격의 제곱에 반비례하고, 투자율에 반비례한다.
③ 전류의 제곱에 비례한다.
④ 주위 매질의 투자율에 반비례한다.

해설 Chapter - 07 - **09** - (2)
평행 도선 전류 사이에 작용하는 힘 $F = \frac{\mu_0 I_1 I_2}{2\pi r} = \frac{2I^2}{r} \times 10^{-7} [\text{N/m}]$

45 자속 밀도 B[Wb/m²]의 자계 내에서 전하량의 크기가 e[C]인 전자가 v[m/sec]의 속도로 이동할 때 전자가 받는 힘 F[N]은?

① $-ev \cdot B$
② $ev \cdot B$
③ $ev \times B$
④ $eB \times v$

해설 Chapter - 07 - **09** - (3)
전하 입자에 작용하는 힘(로렌츠힘)
$F = qvB \sin\theta$ [N]
$\quad = q(v \times B), \ q = e$[C]
$F = ev \times B$

46 0.2[Wb/m²]의 평등 자계 속에 자계의 방향으로 놓인 길이 30[cm]의 도선을 자계와 30° 각의 방향으로 30[m/s]의 속도로 이동시킬 때 도체 양단에 유기되는 기전력은 몇 [V]인가?

① $0.9\sqrt{3}$
② 0.9
③ 1.8
④ 90

해설 Chapter - 07 - **09** - (3)
유기 기전력
$e = vB\ell\sin\theta$
$e = 30 \times 0.2 \times 0.3 \times \sin 30 = 0.9$[V]

정답 44 ③ 45 ③ 46 ②

47 서로 절연되어 있는 폭 2[m]의 철길 위를 열차가 시속 72[km]의 속도로 달리면서 차바퀴가 지구 자계의 수직 분력 B = 0.20×10⁻⁴[Wb/m²]를 끊으면 철길 사이에 발생하는 기전력[V]은?

① 8×10^{-4} ② 2×10^{-4} ③ 0.4 ④ 0.2

해설 Chapter – 07 – **09** – (4)
유기 기전력
$e = vB\ell\sin\theta = (v \times B)\ell$
시속 72[km]이므로 속도는
$v = 72$ [km/h]
 $= 72[10^3\text{m}/3{,}600 \cdot \text{S}]$
 $= 20$[m/s]
$\theta = 90°$
$e = 20 \times 0.2 \times 10^{-4} \times 2 \times \sin 90°$ [V]
 $= 8 \times 10^{-4}$ [V]

48 자계 중에 이것과 직각으로 놓인 도체에 I[A]의 전류를 흘릴 때 f[N]의 힘이 작용하였다. 이 도체를 v[m/s]의 속도로 자계와 직각으로 운동시킬 때의 기전력 e[V]는 얼마인가?

① $\dfrac{fv}{I^2}$ ② $\dfrac{fv}{I}$ ③ $\dfrac{fv^2}{I}$ ④ $\dfrac{fv}{2I}$

해설 Chapter – 07 – **09** – (1), (4)
$f = IB\ell\sin\theta \quad \Rightarrow \quad B\ell\sin\theta = \dfrac{f}{I}$
$e = vB\ell\sin\theta$
 $= v\dfrac{f}{I}$

49 자계 중에 한 코일이 있다. 이 코일에 전류 $I = 2$[A]가 흐르면 $F = 2$[N]의 힘이 작용한다. 또 이 코일을 $v = 5$[m/s]로 운동시키면 e[V]의 기전력이 발생한다. 기전력[V]은?

① 3 ② 5 ③ 7 ④ 9

해설 Chapter – 07 – **09** – (1), (4)
전류가 흐르는 도선을 자계 내에 놓으면 작용하는 힘
$F = IB\ell\sin\theta$ [N] $\qquad B\ell\sin\theta = \dfrac{F}{I}$
유기 기전력
$e = vB\ell\sin\theta[\text{V}] = v \times \dfrac{F}{I} = 5 \times \dfrac{2}{2} = 5$[V]

정답 47 ① 48 ② 49 ②

50 그림과 같이 가요성 전선으로 직사각형의 회로를 만들어 대전류를 흘렸을 때 일어나는 현상은?

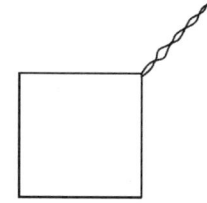

① 변함이 없다. ② 원형이 된다.
③ 맞보는 변끼리 합쳐진다. ④ 이웃하는 변끼리 합쳐진다.

해설 Chapter - 07 - **09** - (2)
대전류를 흘리면 전선 상호 간의 반발력에 의하여 전선이 원이 되는 현상을 스트레치 효과라고 한다.

51 반지름이 r[m]인 반원형 전류 I[A]에 의한 반원의 중심(O)에서 자계의 세기[AT/m]는?

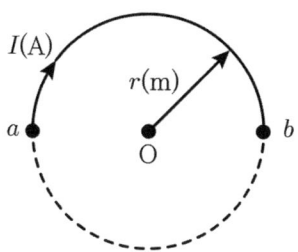

① $\dfrac{2I}{r}$ ② $\dfrac{I}{r}$

③ $\dfrac{I}{2r}$ ④ $\dfrac{I}{4r}$

해설 Chapter 07 - **02** - (4)
원형 코일 중심의 자계의 세기
$H = \dfrac{NI}{2a}$ 가 된다. 여기서 반원이므로 $\dfrac{NI}{2a} \times \dfrac{1}{2} = \dfrac{NI}{4a}$ 가 된다.
$N=1$이 되면 $\dfrac{I}{4a}$ 가 된다.
여기서 $a=r$[m]

정답 50 ② 51 ④

52 속도 v의 전자가 평등자계 내에 수직으로 들어갈 때, 이 전자에 대한 설명으로 옳은 것은?

① 구면위에서 회전하고 구의 반지름은 자계의 세기에 비례한다.
② 원운동을 하고 원의 반지름은 자계의 세기에 비례한다.
③ 원운동을 하고 원의 반지름은 자계의 세기에 반비례한다.
④ 원운동을 하고 원의 반지름은 전자의 처음 속도의 제곱에 비례한다.

해설 Chapter 07 − 09 − (5)
자계 내에 수직으로 돌입한 전자는 원운동을 한다.
$$r = \frac{mv}{eB} = \frac{mv}{e\mu H}[m]$$
따라서 반지름은 자계의 세기에 반비례한다.

53 평등 자계와 직각 방향으로 일정한 속도로 발사된 전자의 원운동에 관한 설명으로 옳은 것은?

① 플레밍의 오른쪽법칙에 의한 로렌츠의 힘과 원심력의 평형 원운동이다.
② 원의 반지름은 전자의 발사속도와 전계의 세기의 곱에 반비례한다.
③ 전자의 원운동 주기는 전자의 발사속도와 무관하다.
④ 전자의 원운동 주파수는 전자의 질량에 비례한다.

해설 Chapter 07 − 09 − (5)
자계 내에 수직으로 돌입한 전자는 원운동을 한다.
$$r = \frac{mv}{eB} \quad T = \frac{2\pi m}{eB} \text{ (여기서 } m : \text{질량, } T : \text{주기)}$$

54 전류 I가 흐르는 무한 직선 도체가 있다. 이 도체로부터 수직으로 0.1[m] 떨어진 점에서 자계의 세기가 180 [AT/m]이다. 도체로부터 수직으로 0.3[m] 떨어진 점에서 자계의 세기 [AT/m]는?

① 20　　② 60　　③ 180　　④ 540

해설 Chapter 07 − 02 − (2)
무한장 직선전류의 자계의 세기
$$H = \frac{NI}{\ell} = \frac{I}{2\pi r}$$
$$I = 2\pi r H = 2\pi \times 0.1 \times 180 = 36\pi$$
$$H = \frac{I}{2\pi r} = \frac{36\pi}{2\pi \times 0.3} = 60[AT/m]$$

정답 52 ③　53 ③　54 ②

chapter 08

자성체와 자기회로

08 CHAPTER 자성체와 자기회로

※ 자성체란?

① 자계 내에 놓았을 때 자석화되는 물질을 자성체라 한다.
② 자화의 근본적인 원인 : 전자의 자전 현상
③ 투자율 $\mu = \mu_0 \mu_s [\text{H/m}]$

※ 자성체의 종류

(1) 상자성체

㉮ **강자성체** : 니켈, 코발트, 망간, 규소, 철 $\mu_s \gg 1$
㉯ **상자성체**(약자성체) : 공기, 주석, 산소, 백금, 알루미늄 $\mu_s > 1$
㉰ **페라이트**(Ferrite) : 합금, 강자성체의 일부

(2) 역자성체

동선, 납, 게르마늄, 안티몬, 아연, 수소 등 $\mu_s < 1$

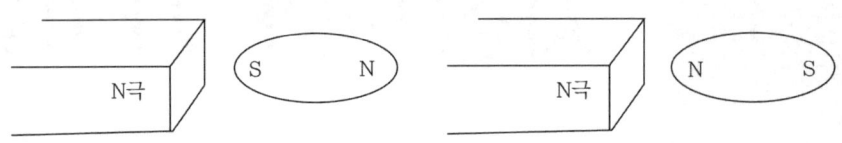

▶ 강자성체 $\mu_s \gg 1$, 상자성체 $\mu_s > 1$, 역자성체 $\mu_s < 1$

※ 자성체의 스핀(Spin) 배열(자기쌍극자 배열)

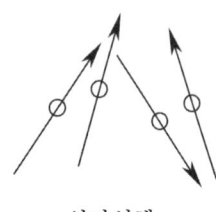 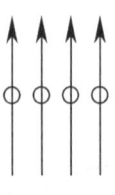 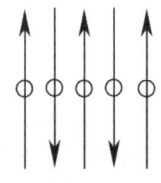 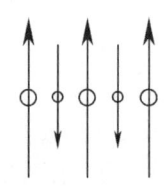

    상자성체   강자성체   반강자성체   페라이트자성체

01 자화의 세기

$J = \mu_0(\mu_s - 1)H$
$\quad = \chi H \Rightarrow \chi(\text{자화율})$
$\quad = \mu_0(\mu_s - 1)[\text{H/m}]$
$\quad = B(1 - \dfrac{1}{\mu_s})$
$\quad = \dfrac{M[\text{Wb} \cdot \text{m}]}{v[\text{m}^3]}[\text{Wb/m}^2]$

(단위 체적당 자기 모멘트)

※ 분극의 세기

$P = \epsilon_0(\epsilon_s - 1)E$
$\quad = \chi E \Rightarrow \chi(\text{분극율})$
$\quad = \epsilon_0(\epsilon_s - 1)[\text{F/m}]$
$\quad = D(1 - \dfrac{1}{\epsilon_s})[\text{C/m}^2]$
$\quad = \dfrac{M[\text{c} \cdot \text{m}]}{v[\text{m}^3]}[\text{C/m}^2]$

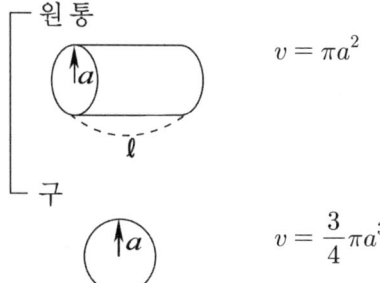

원통 $\quad v = \pi a^2 \ell$

구 $\quad v = \dfrac{3}{4}\pi a^3$

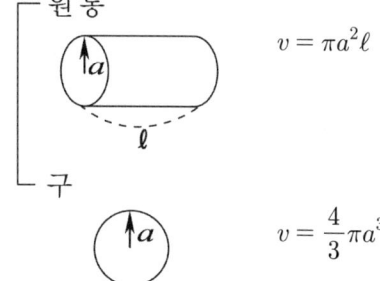

원통 $\quad v = \pi a^2 \ell$

구 $\quad v = \dfrac{4}{3}\pi a^3$

02 경계 조건

① $B_1\cos\theta_1 = B_2\cos\theta_2$
 (자속 밀도의 법선 성분은 같다.)
② $H_1\sin\theta_1 = H_2\sin\theta_2$
 (자계의 접선 성분은 같다.)
③ 굴절의 법칙
 $\dfrac{\tan\theta_2}{\tan\theta_1} = \dfrac{\mu_2}{\mu_1}$
④ $\mu_1 > \mu_2$ 일 때
 $\theta_1 > \theta_2$
 $B_1 > B_2$
 $H_1 < H_2$

※ 경계 조건

① 전속 밀도의 법선 성분은 같다.
 $D_1\cos\theta_1 = D_2\cos\theta_2$
② 전계의 접선 성분은 같다.
 $E_1\sin\theta_1 = E_2\sin\theta_2$
③ 굴절의 법칙
 $\dfrac{\tan\theta_2}{\tan\theta_1} = \dfrac{\epsilon_2}{\epsilon_1}$
④ $\epsilon_1 > \epsilon_2$ 일 때
 $\theta_1 > \theta_2$
 $D_1 > D_2$
 $E_1 < E_2$

03 자기 저항(R_m)

$$R_m = \frac{\ell}{\mu S}[\text{AT/Wb}]$$

$$= \frac{F}{\phi} \Rightarrow F(\text{기자력}) = NI[\text{AT}]$$

$$R = \frac{\ell}{k \cdot S}$$

k : 도전율

04 자속

$$\phi = \frac{F}{R_m} = \frac{NI}{\frac{\ell}{\mu S}}$$

$$= \frac{\mu SNI}{\ell}[\text{Wb}]$$

- 전류

$$I = \frac{V}{R}$$

05 단위 체적당 에너지(에너지 밀도)

$$w = \frac{1}{2}\mu H^2$$

$$= \frac{B^2}{2\mu} = \frac{1}{2}HB[\text{J/m}^3]$$

- 작용하는 힘

$$f = \frac{1}{2}\mu H^2$$

$$= \frac{B^2}{2\mu} = \frac{1}{2}HB[\text{N/m}^2]$$

$$f = \frac{B^2}{2\mu} \times 면적[\text{N}]$$

- 정전계

⇒ 단위 체적당 에너지

$$W = \frac{1}{2}\epsilon E^2 = \frac{D^2}{2\epsilon}$$

$$= \frac{1}{2}ED[\text{J/m}^3]$$

⇒ 단위 면적당 힘(정전응력)

$$f = \frac{1}{2}\epsilon E^2 = \frac{D^2}{2\epsilon}$$

$$= \frac{1}{2}ED[\text{N/m}^2]$$

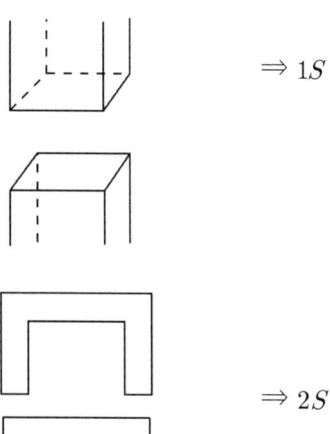

$\Rightarrow 1S$

$\Rightarrow 2S$

06 미소 공극이 있는 철심의 합성 자기 저항

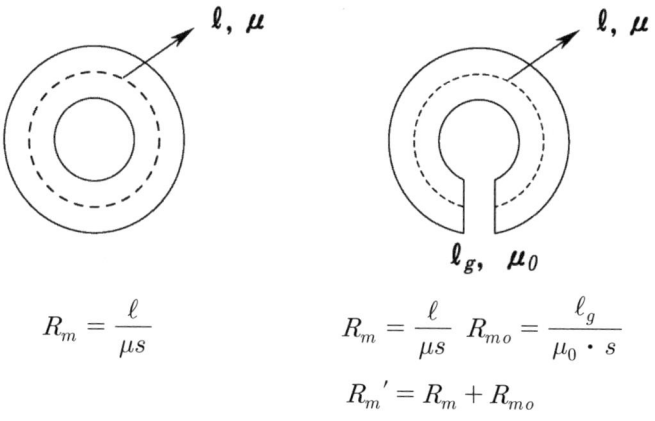

$R_m = \dfrac{\ell}{\mu s}$ $R_m = \dfrac{\ell}{\mu s}$ $R_{mo} = \dfrac{\ell_g}{\mu_0 \cdot s}$

$R_m{'} = R_m + R_{mo}$

ex. ① 미소 공극이 있는 철심회로의 합성 자기 저항은 처음 자기 저항의 몇 배?

해설 $\dfrac{R_m{'}}{R_m} = \dfrac{R_m + R_{m0}}{R_m}$

$= 1 + \dfrac{\dfrac{\ell_g}{\mu_0 S}}{\dfrac{\ell}{\mu S}} = 1 + \dfrac{\mu \ell_g}{\mu_0 \ell}$

$= 1 + \dfrac{\mu_s \ell_g}{\ell}$

ex. ② 공극의 자기 저항은 철심 부분 자기 저항의 몇 배?

$$\frac{R_{mo}}{R_m} = \frac{\frac{\ell_g}{\mu_0 S}}{\frac{\ell}{\mu S}} = \frac{\ell_g}{\ell} \cdot \frac{\mu}{\mu_0}$$

07 히스테리시스 곡선

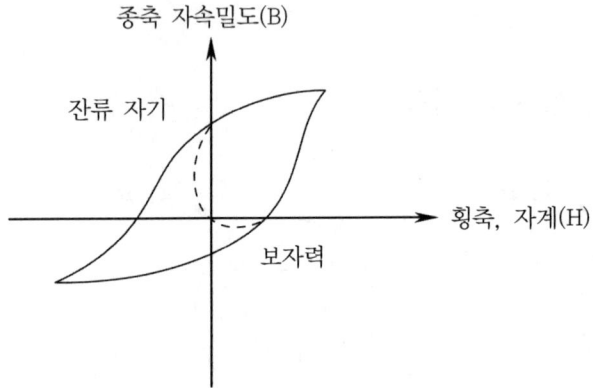

	영구자석	전자석
잔류 자기	大	大
보자력	大	小
히스테리시스 곡선 면적	大	小

∴ 전자석 ⇒ 적은 보자력으로 큰 잔류 자기를 얻고 히스테리시스 곡선 면적이 작다.

08 출제예상문제

01 100회 감은 코일에 2.5[A]의 전류가 흐른다면 기자력은 몇 [AT]이겠는가?

① 250   ② 500   ③ 1000   ④ 2000

해설 Chapter – 08 – 03
$F = NI = 100 \times 2.5 = 250 [AT]$

02 자계의 세기가 800[AT/m]이고, 자속 밀도가 0.2[Wb/m²]인 재질의 투자율은 몇 [H/m]인가?

① 2.5×10^{-3} ② 4×10^{-3} ③ 2.5×10^{-4} ④ 4×10^{-4}

해설 Chapter – 07 – 06
$B = \mu H$
$\mu = \dfrac{B}{H} = \dfrac{0.2}{800} = 2.5 \times 10^{-4}$

03 비투자율 μ_s = 400인 환상 철심 내의 평균 자계의 세기가 H = 3000[AT/m]이다. 철심 중의 자화의 세기 J [Wb/m²]는?

① 0.15   ② 1.5   ③ 0.75   ④ 7.5

해설 Chapter – 08 – 01
J : 자화의 세기
$J = \mu_0 (\mu_s - 1) H = 4\pi \times 10^{-7} \times (400 - 1) \times 3000 = 1.5 \,[\text{Wb/m}^2]$

04 비투자율이 500인 철심을 이용한 환상 솔레노이드에서 철심 속의 자계의 세기가 200[A/m]일 때 철심속의 자속 밀도 B [T]와 자화율 χ [H/m]는 얼마인가?

① $B = \pi \times 10^{-2}$, $\chi = 3.2 \times 10^{-4}$
② $B = \pi \times 10^{-2}$, $\chi = 6.3 \times 10^{-4}$
③ $B = 4\pi \times 10^{-2}$, $\chi = 6.3 \times 10^{-4}$
④ $B = 4\pi \times 10^{-2}$, $\chi = 12.6 \times 10^{-4}$

해설 Chapter – 08 – 01
$B = \mu H = \mu_0 \mu_s H = 4\pi \times 10^{-7} \times 500 \times 200 = 4\pi \times 10^{-2} [\text{Wb/m}^2]$
$J = \mu_0 (\mu_s - 1) \cdot H = \chi H$에서 자화율
$\chi = \mu_0 (\mu_s - 1) = 4\pi \times 10^{-7} \times (500 - 1) = 6.3 \times 10^{-4} [\text{H/m}]$

정답 01 ① 02 ③ 03 ② 04 ③

05 강자성체의 자속 밀도 B의 크기와 자화의 세기 J의 크기 사이에는?

① J는 B보다 약간 크다.
② J는 B보다 대단히 크다.
③ J는 B보다 약간 작다.
④ J는 B보다 대단히 작다.

해설 Chapter – 08 – **01**
자화의 세기 $J = B - \mu_0 H$ [wb/m²],
$B - J = \mu_0 H$ 이므로 B가 J보다 약간 크다. 또는 J는 B보다 약간 작다.

06 비투자율이 50인 자성체의 자속 밀도가 0.05[Wb/m²]일 때 자성체의 자화 세기[Wb/m²]는?

① 0.049
② 0.05
③ 0.055
④ 0.06

해설 Chapter – 08 – **01**
$$J = B\left(1 - \frac{1}{\mu_s}\right) = 0.05 \times \left(1 - \frac{1}{50}\right)$$
$$= 0.049 [\text{Wb/m}^2]$$

07 길이 10[cm], 단면의 반지름 $a = 1$[cm]인 원통형 자성체가 길이의 방향으로 균일하게 자화되어 있을 때 자화의 세기가 $J = 0.5$[Wb/m²]이라면 이 자성체의 자기 모멘트[Wb·m]는?

① 1.57×10^{-4}
② 1.57×10^{-5}
③ 15.7×10^{-4}
④ 15.7×10^{-5}

해설 Chapter – 08 – **01**
$$J = \frac{dM}{dv} = \frac{M}{v}$$
$$M = J \cdot v$$
$$= 0.5 \times \pi a^2 l$$
$$= 0.5 \times \pi \times (10^{-2})^2 \times 10^{-1}$$
$$= 1.57 \times 10^{-5} [\text{Wb·m}]$$

정답 05 ③ 06 ① 07 ②

08 길이 ℓ[m], 단면적의 반지름 a[m]인 원통에 길이 방향으로 균일하게 자화되어 자화의 세기가 J[Wb/m²]인 경우 원통 양단에서의 전자극의 세기 m[Wb]는?

① J
② $2\pi a J$
③ $\pi a^2 J$
④ $J/\pi a^2$

해설 Chapter - 08 - **01**
$J = \dfrac{M}{v} = \dfrac{M}{\pi a^2 \ell}$
$(M = m\ell = J \cdot \pi a^2 \ell)$[Wb・m]
$m = J \cdot \pi a^2$[Wb]

09 길이 20[cm], 단면적이 반지름 10[cm]인 원통이 길이 방향으로 균일하게 자화되어 자화의 세기가 200[Wb/m²]인 경우 원통 양단에서의 전자극의 세기는 몇 [Wb]인가?

① π
② 2π
③ 3π
④ 4π

해설 Chapter - 08 - **01**
$J = \dfrac{M}{v} = \dfrac{M}{\pi a^2 \ell}$
$M = m\ell = J\pi a^2 \ell$
$m = J \cdot \pi a^2 = 200 \times \pi \times 0.1^2 = 2\pi$

10 투자율이 다른 두 자성체가 평면으로 접하고 있는 경계면에서 전류 밀도가 0일 때 성립하는 경계 조건은?

① $\mu_2 \tan\theta_1 = \mu_1 \tan\theta_2$
② $\mu_1 \cos\theta_1 = \mu_2 \cos\theta_2$
③ $B_2 \sin\theta_1 = B_2 \cos\theta_2$
④ $\mu_1 \tan\theta_1 = \mu_2 \tan\theta_2$

해설 Chapter - 08 - **02**
$B_1 \cos\theta_1 = B_2 \cos\theta_2$
$H_1 \sin\theta_1 = H_2 \sin\theta_2$
$\dfrac{\tan\theta_2}{\tan\theta_1} = \dfrac{\mu_2}{\mu_1} \Rightarrow \mu_2 \tan\theta_1 = \mu_1 \tan\theta_2$

정답 08 ③　09 ②　10 ①

11 투자율이 다른 두 자성체의 경계면에서의 굴절각은?

① 투자율에 비례한다.
② 투자율에 반비례한다.
③ 투자율의 제곱에 비례한다.
④ 비투자율에 반비례한다.

해설 Chapter – 08 – **02**
$\mu_1 > \mu_2 \qquad \theta_1 > \theta_2 \qquad B_1 > B_2 \qquad H_1 < H_2$

12 어떤 막대 철심이 있다. 단면적이 0.4[m²]이고, 길이가 0.6[m], 비투자율이 20이다. 이 철심의 자기 저항은 몇 [AT/Wb]인가?

① 3.86×10^{-4}
② 7.96×10^{4}
③ 3.86×10^{5}
④ 5.97×10^{4}

해설 Chapter – 08 – **03**
$$R_m = \frac{\ell}{\mu_0 \mu_s S} = \frac{0.6}{4\pi \times 10^{-7} \times 20 \times 0.4} = 5.97 \times 10^4$$

13 자기회로의 자기 저항에 대한 설명으로 옳은 것은?

① 자기회로의 길이에 반비례한다.
② 자기회로의 단면적에 비례한다.
③ 비투자율에 반비례한다.
④ 길이의 제곱에 비례하고 단면적에 반비례한다.

해설 Chapter – 08 – **03**
자기 저항 $R_m = \frac{\ell}{\mu s} = \frac{\ell}{\mu_0 \mu_s S}$ [AT/Wb]
자기 저항은 투자율과 비투자율에 반비례한다.

정답 11 ① 12 ④ 13 ③

14 철심에 도선을 250회 감고 1.2[A]의 전류를 흘렸더니 1.5×10^{-3}[Wb]의 자속이 생겼다. 이때 자기 저항[AT/Wb]은?

① 2×10^5 ② 3×10^5 ③ 4×10^5 ④ 5×10^5

해설 Chapter − 08 − **03**

자기 저항 $= \dfrac{기자력}{자속}$

$R_m = \dfrac{F}{\phi} = \dfrac{NI}{\phi}$

$= \dfrac{250 \times 1.2}{1.5 \times 10^{-3}} = 200,000[\text{AT/Wb}] = 2 \times 10^5$

15 공심 환상 솔레노이드의 단면적이 10[cm²], 평균 길이가 20[cm], 코일의 권수가 500회, 코일에 흐르는 전류가 2[A]일 때 솔레노이드의 내부 자속[Wb]은 약 얼마인가?

① $4\pi \times 10^{-4}$ ② $4\pi \times 10^{-6}$
③ $2\pi \times 10^{-4}$ ④ $2\pi \times 10^{-6}$

해설 Chapter − 08 − **04**

자속 $\phi = \dfrac{\mu_0 SNI}{\ell} = \dfrac{4\pi \times 10^{-7} \times 10 \times 10^{-4} \times 500 \times 2}{20 \times 10^{-2}}$

$= \dfrac{20\pi \times 10^{-8}}{10^{-1}} = 2\pi \times 10^{-6}[\text{Wb}]$

16 비투자율 1,000의 철심이 든 환상 솔레노이드의 권수는 600회, 평균 지름은 20[cm], 철심의 단면적은 10[cm²]이다. 솔레노이드에 2[A]의 전류를 흘릴 때 철심 내의 자속은 몇 [Wb]가 되는가?

① 2.4×10^{-5} ② 2.4×10^{-3}
③ 1.2×10^{-5} ④ 1.2×10^{-3}

해설 Chapter − 08 − **04**

자속 $\phi = \dfrac{\mu SNI}{\ell} = \dfrac{\mu SNI}{2\pi a}$ 여기서 $\ell = 2\pi a = \pi d$[m]이고 a[m]는 평균반지름, d[m]는 평균지름이다.

$= 4\pi \times 10^{-7} \times 10^3 \times \dfrac{600 \times 2}{2\pi \times 10 \times 10^{-2}} \times 10 \times 10^{-4}$

$= 2.4 \times 10^{-3}$

정답 14 ① 15 ④ 16 ②

17 자기 인덕턴스 L[H]인 코일에 전류 I를 흘렸을 때 자계의 세기가 H[AT/m]였다. 이 코일을 진공 중에서 자화시키는 데 필요한 에너지 밀도[J/m³]는?

① $\frac{1}{2}LI^2$　　　　　　　　　② LI^2

③ $\frac{1}{2}\mu_0 H^2$　　　　　　　　④ $\mu_0 H^2$

해설 Chapter – 08 – **05**
자계의 에너지 밀도(단위 체적당 에너지) ⇒ 진공이므로 μ_s를 1로 보았음
$w = \frac{1}{2}\mu_0 H^2 = \frac{B^2}{2\mu_0} = \frac{1}{2}HB$ [J/m³]

18 비투자율이 4,000인 철심을 자화하여 자속 밀도가 0.1[Wb/m²]으로 되었을 때 철심의 단위 체적에 저축된 에너지[J/m³]는?

① 1　　　　② 3　　　　③ 2.5　　　　④ 5

해설 Chapter – 08 – **05**
자계의 에너지 밀도(단위 체적당 에너지)
$w = \frac{1}{2}\mu H^2 = \frac{B^2}{2\mu} = \frac{1}{2}HB$ [J/m³]
$w = \frac{B^2}{2\mu_0\mu_s} = \frac{0.1^2}{2 \times 4\pi \times 10^{-7} \times 4,000}$
　　$= 1$ [J/m³]

19 전자석의 흡인력은 자속 밀도를 B라 할 때 어떻게 되는가?

① B에 비례　　　　　　② $B^{3/2}$에 비례
③ $B^{1.6}$에 비례　　　　　④ B^2에 비례

해설 Chapter – 08 – **05**
자계의 에너지 밀도(단위 체적당 에너지)　$w = \frac{1}{2}\mu H^2 = \frac{B^2}{2\mu}$ [J/m³]

흡인력(단위 면적당 힘)　$f = \frac{1}{2}\mu H^2 = \frac{B^2}{2\mu}$ [N/m²]

정답 17 ③　18 ①　19 ④

20 그림과 같이 진공 중에 자극 면적이 2[cm²], 간격이 0.1[cm]인 자성체 내에서 포화 자속 밀도가 2[Wb/m²]일 때 두 자극면 사이에 작용하는 힘의 크기[N]는?

① 0.318
② 3.18
③ 31.8
④ 318

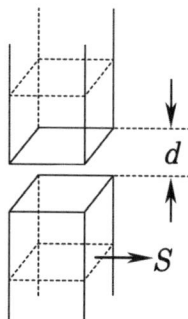

해설 Chapter − 08 − **05**
흡인력(단위 면적당 힘)
$f = \frac{1}{2}\mu H^2 = \frac{B^2}{2\mu} = \frac{1}{2}HB\ [\text{N/m}^2]$

$F = \frac{B^2}{2\mu_0} \times S[\text{N}] = \frac{2^2}{2 \times 4\pi \times 10^{-7}} \times 2 \times 10^{-4}$

$= 318$

21 단면적 $S = 100 \times 10^{-4}$ [m²]인 전자석에 자속 밀도 $B = 2$[Wb/m²]인 자속이 발생할 때, 철편을 흡입하는 힘[N]은?

① $\frac{\pi}{2} \times 10^5$

② $\frac{1}{2\pi} \times 10^5$

③ $\frac{1}{\pi} \times 10^5$

④ $\frac{2}{\pi} \times 10^5$

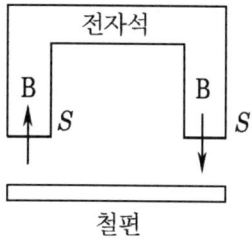

해설 Chapter − 08 − **05**
흡인력 $f = \frac{1}{2}\mu H^2 = \frac{B^2}{2\mu} = \frac{1}{2}HB\ [\text{N/m}^2]$
(작용면에서 힘의 크기)

$F = \frac{B^2}{2\mu_0} \times 2S$ (주의 : 전자석의 면적이 2개)

$= \frac{2^2}{2 \times 4\pi \times 10^{-7}} \times 2 \times 100 \times 10^{-4} = \frac{1}{\pi} \times 10^5 [\text{N}]$

정답 20 ④ 21 ③

22 단면적이 같은 자기 회로가 있다. 철심의 투자율을 μ 라 하고 철심회로의 길이를 l 이라 한다. 지금 그 일부에 미소공극 l_0 을 만들었을 때 자기 회로의 자기 저항은 공극이 없을 때의 약 몇 배인가?

① $1 + \dfrac{\mu l}{\mu_0 l_0}$ ② $1 + \dfrac{\mu l_0}{\mu_0 l}$

③ $1 + \dfrac{\mu l_0}{\mu_0 l_0}$ ④ $1 + \dfrac{\mu_0 l_0}{\mu l}$

해설 Chapter – 08 – **06**

$\dfrac{R_m{'}}{R_m} = 1 + \dfrac{\mu l_0}{\mu_0 l}$

23 길이 1[m]의 철심(μ_r = 1000) 자기 회로에 1[mm]의 공극이 생겼을 때 전체의 자기 저항은 약 몇 배로 증가되는가? (단, 각 부의 단면적은 일정하다.)

① 1.5 ② 2 ③ 2.5 ④ 3

해설 Chapter – 08 – **06**

$\dfrac{R_m{'}}{R_m} = \dfrac{R_m + R_{m0}}{R_m} = 1 + \dfrac{\dfrac{\ell_g}{\mu_0 S}}{\dfrac{\ell}{\mu S}} = 1 + \dfrac{\ell_g}{\ell} \cdot \dfrac{\mu}{\mu_0} = 1 + \dfrac{\mu_S \ell_g}{\ell}$

$= 1 + \dfrac{1,000 \times 1 \times 10^{-3}}{1} = 2$

24 비투자율 μ_s = 500, 자로의 길이 l의 환상 철심 자기 회로에 $l_g = \dfrac{l}{500}$ 의 공극을 내면 자속은 공극이 없을 때의 대략 몇 배가 되는가? (단, 기자력은 같다.)

① 1 ② $\dfrac{1}{2}$ ③ 5 ④ $\dfrac{1}{499}$

해설 Chapter – 08 – **06**

자기 저항 $\dfrac{R_m{'}}{R_m} = 1 + \dfrac{\ell_g}{\ell} \times \dfrac{\mu}{\mu_0} = 1 + \dfrac{\dfrac{\ell}{500}}{1} \times \dfrac{500 \mu_0}{\mu_0} = 2$ [배]

자속 $\phi = \dfrac{F}{R_m}$ 이므로 자속은 자기 저항과 역수 관계가 있다.

정답 22 ② 23 ② 24 ②

25 공극을 가진 환영 자기 회로에서 공극 부분의 길이와 투자율은 철심 부분의 것에 각각 0.01배와 0.001배이다. 공극의 자기 저항은 철심 부분의 자기 저항의 몇 배인가? (단, 자기 회로의 단면적은 같다고 본다.)

① 9배　　　② 10배　　　③ 11배　　　④ 18배

해설 Chapter – 08 – **06**

길이 : $\dfrac{\ell_g}{\ell} = 0.01$배

투자율 : $\dfrac{\mu_0}{\mu} = 0.001$배

$\dfrac{R_{m0}}{R_m} = \dfrac{\dfrac{l_g}{\mu_0 S}}{\dfrac{l}{\mu S}} = \dfrac{\mu}{\mu_0} \cdot \dfrac{l_g}{l}$

$= \dfrac{1}{0.001} \times 0.01 = 10$[배]

26 그림은 철심부의 평균 길이가 l_2, 공극의 길이가 l_1, 단면적이 S 인 자기회로이다. 자속 밀도를 B[Wb/m²]로 하기 위한 기자력[AT]은?

① $\dfrac{\mu_0}{B}\left(l_2 + \dfrac{\mu_s}{l_2}\right)$

② $\dfrac{B}{\mu_0}\left(l_2 + \dfrac{l_1}{\mu_s}\right)$

③ $\dfrac{\mu_0}{B}\left(l_2 + \dfrac{\mu_s}{l_1}\right)$

④ $\dfrac{B}{\mu_0}\left(l_1 + \dfrac{l_2}{\mu_s}\right)$

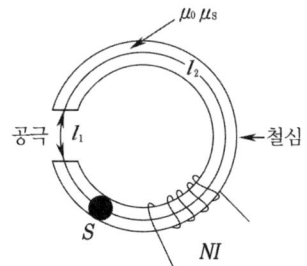

해설

$F = Hl = NI$

$= H_1 l_1 + H_2 l_2$

$= \dfrac{B}{\mu_0} l_1 + \dfrac{B}{\mu_0 \mu_s} l_2$

$= \dfrac{B}{\mu_0}\left(l_1 + \dfrac{l_2}{\mu_s}\right)$

정답 25 ②　26 ④

27 공극(air gap)을 가진 환상 솔레노이드에서 총 권수 N(회), 철심의 투자율 μ[H/m], 단면적 S[m^2], 길이 l [m]이고 공극의 길이 δ일 때 공극부에 자속 밀도 B[Wb/m^2]를 얻기 위해서는 몇 [A]의 전류를 흘려야 하는가?

① $\dfrac{N}{B}\left(\dfrac{l}{\mu} + \dfrac{\delta}{\mu_0}\right)$
② $\dfrac{N}{B}\left(\dfrac{l}{\mu_0} + \dfrac{\delta}{\mu}\right)$
③ $\dfrac{B}{N}\left(\dfrac{l}{\mu} + \dfrac{\delta}{\mu_0}\right)$
④ $\dfrac{B}{N}\left(\dfrac{l}{\mu_0} + \dfrac{\delta}{\mu}\right)$

해설

$\int H d\ell = \sum I, \quad H\ell = NI$
$NI = H_1 \ell_1 + H_2 \ell_2$
$NI = \dfrac{B}{\mu}\ell + \dfrac{B}{\mu_0}\delta$
$\therefore I = \dfrac{B}{N}\left(\dfrac{\ell}{\mu} + \dfrac{\delta}{\mu_0}\right)$

28 히스테리시스 곡선에서 횡축과 종축은 각각 무엇을 나타내는가?

① 자속 밀도(횡축), 자계(종축)
② 기자력(횡축), 자속 밀도(종축)
③ 자계(횡축), 자속 밀도(종축)
④ 자속 밀도(횡축), 기자력(종축)

해설 Chapter − 08 − **07**
종축(자속 밀도), 횡축(자계)

29 히스테리스 곡선에서 횡축과 만나는 것은 다음 중 어느 것인가?

① 투자율
② 잔류 자기
③ 자력선
④ 보자력

해설 Chapter − 08 − **07**
히스테리시스 곡선에서 종축과 만나는 것 : 잔류 자기
히스테리시스 곡선에서 횡축과 만나는 것 : 보자력

정답 27 ③ 28 ③ 29 ④

30 영구자석의 재료로 사용하는 철에 요구되는 사항은?

① 잔류 자기 및 보자력이 작은 것
② 잔류 자기가 크고 보자력이 작은 것
③ 잔류 자기는 작고 보자력이 큰 것
④ 잔류 자기 및 보자력이 큰 것

해설 Chapter - 08 - **07**

전자석 ① 보자력이 작고 잔류 자기가 클 것
　　　② 히스테리시스 곡선 면적이 작다.

영구자석 ① 보자력이 크고 잔류 자기가 클 것
　　　　② 히스테리시스 곡선 면적이 크다.

31 전자석에 사용하는 연철(soft iron)은 다음 어느 성질을 가지는가?

① 잔류 자기, 보자력이 모두 크다.
② 보자력이 크고 히스테리시스 곡선의 면적이 작다.
③ 보자력과 히스테리시스 곡선의 면적이 모두 작다.
④ 보자력이 크고 잔류 자기가 작다.

해설 Chapter - 08 - **07**

전자석 ① 보자력이 작고 잔류 자기가 클 것
　　　② 히스테리시스 곡선 면적이 작다.

영구자석 ① 보자력이 크고 잔류 자기가 클 것
　　　　② 히스테리시스 곡선 면적이 크다.

32 자화된 철의 온도를 높일 때 강자성이 상자성으로 급격하게 변하는 온도는?

① 큐리(curie)점　　　② 비등점
③ 융점　　　　　　　④ 융해점

해설
자화된 철에 온도를 높이면 자화가 서서히 감소하다가 급격하게 강자성이 상자성으로 변하는데 이는 철의 결정을 구성하는 원자의 열운동이 심해서 자구의 배열이 파괴되기 때문이다. 이때 온도를 큐리점이라 한다.

정답 30 ④　31 ③　32 ①

33 인접 영구 자기 쌍극자가 크기는 같으나 방향이 서로 반대 방향으로 배열된 자성체를 어떤 자성체라 하는가?

① 반자성체 ② 상자성체
③ 강자성체 ④ 반강자성체

해설 Chapter - 08 - **07**
강자성체 : $\mu_s \gg 1$
상자성체 : $\mu_s > 1$
역자성체 : $\mu_s < 1$

34 아래 그림은 전자의 자기 모멘트의 크기와 배열 상태를 그 차이에 따라서 배열한 것인데 강자성체에 속하는 것은?

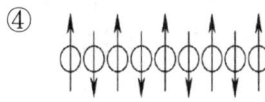

해설
① 반강자성체, ② 강자성체, ③ 상자성체, ④ 훼리자성체

35 강자성체의 히스테리시스 루프의 면적은?

① 강자성체의 단위 체적당 필요한 에너지이다.
② 강자성체의 단위 면적당 필요한 에너지이다.
③ 강자성체의 단위 길이당 필요한 에너지이다.
④ 강자성체의 전체 체적의 필요한 에너지이다.

36 내부 장치 또는 공간을 물질로 포위시켜 외부 자계의 영향을 차폐시키는 방식을 자기 차폐라 한다. 자기 차폐에 좋은 물질은?
① 강자성체 중에서 비투자율이 큰 물질
② 강자성체 중에서 비투자율이 작은 물질
③ 비투자율이 1보다 작은 역자성체
④ 비투자율에 관계없이 물질의 두께에만 관계되므로 되도록 두꺼운 물질

37 강자성체의 세 가지 특성이 아닌 것은?
① 와전류 특성   ② 히스테리시스 특성
③ 고투자율 특성   ④ 포화 특성

[해설]
강자성체는 자구가 존재하며 히스테리시스 특성, 고투자율 특성, 포화 특성이 있다.

38 전기회로에서 도전도[S/m]에 대응하는 것은 자기회로에서 무엇인가?
① 자속   ② 기자력
③ 투자율   ④ 자기 저항

[해설] Chapter – 08 – 08
전기회로와 자기회로의 대응관계

전기회로   자기회로
V (기전력) [V] F (기자력) [AT]
I (전류) [A] ϕ (자속) [wb]
R (전기저항) [Ω] R_m (자기 저항) [AT/wb]
k (도전율) [℧/m] μ (투자율) [H/m]
i (전류밀도) [A/m²] B (자속 밀도) [Wb/m²]

39 자기회로와 전기회로의 대응 관계를 표시하였다. 잘못된 것은?
① 자속 – 전속   ② 자계 – 전계
③ 기자력 – 기전력   ④ 투자율 – 도전율

[해설] Chapter – 08 – 08
자기회로에서 자속은 전기회로에서 전류와 대응관계가 있다.

정답 36 ① 37 ① 38 ③ 39 ①

40 히스테리시스 곡선에서 히스테리시스 손실에 해당하는 것은?

① 보자력의 크기 ② 잔류자기의 크기
③ 보자력과 잔류자기의 곱 ④ 히스테리시스 곡선의 면적

해설 Chapter 08 – **07**
히스테리시스곡선
히스테리시스곡선의 손실은 곡선의 면적을 의미한다.

41 다음 중 기자력(magnetomotive force)에 대한 설명으로 틀린 것은?

① SI 단위는 암페어(A)이다.
② 전기회로의 기전력에 대응한다.
③ 자기회로의 자기저항과 자속의 곱과 동일하다.
④ 코일에 전류를 흘렸을 때 전류밀도와 코일의 권수의 곱의 크기와 같다.

해설 Chapter 08 – **08**
기자력
$F = NI$로서 코일에 전류가 흘렀을 때 전류와 코일의 권수의 곱의 크기와 같다.

42 매질 1의 μ_{s1}=500, 매질 2의 μ_{s2}=1000 이다. 매질 2에서 경계면에 대하여 45° 각도로 자계가 입사한 경우 매질 1에서 경계면과 자계의 각도에 가장 가까운 것은?

① 20° ② 30°
③ 60° ④ 80°

해설 Chapter 08 – **02**
굴절의 법칙에 의하여
$\dfrac{\tan\theta_1}{\tan\theta_2} = \dfrac{\mu_1}{\mu_2} = \dfrac{\mu_{s1}}{\mu_{s2}}$ 에 의해

$\dfrac{\tan\theta_1}{\tan 45°} = \dfrac{500}{1000}$ 이므로

$\tan\theta_1 = \dfrac{1}{2}\tan 45° = \dfrac{1}{2}$

$\rightarrow \theta_1 = \tan^{-1}\dfrac{1}{2} = 26.57°$

입사각 θ_1과 굴절각 θ_2는 경계면의 법선에 대한 각도를 나타내므로 매질1에서 경계면과 이루는 각도 $\theta = 90° - \theta_1 = 90° - 26.57° = 63.43°$

정답 40 ④ 41 ④ 42 ③

chapter 09

전자 유도

09 CHAPTER 전자 유도

01 패러데이의 전자 유도 법칙

※ 패러데이의 전자 유도 실험회로

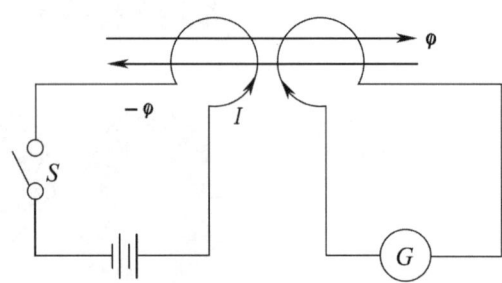

(1) 패러데이 법칙

스위치를 닫거나 여는 순간 전류 변화에 의한 자속이 발생할 때 공급 기전력의 반대의 유기 기전력이 발생

$$e = -N\frac{d\phi}{dt}[\text{V}]$$

(2) "ps" 렌츠의 법칙

전자 유도에 의해 발생하는 기전력은 자속 변화를 방해하는 방향으로 전류가 흐름

$$e = -L\frac{di}{dt}[\text{V}]$$

자속 ϕ가 변화할 때 유기 기전력

$$e = -N\frac{d\phi}{dt}[\text{V}]$$
$$= -N\frac{dB}{dt} \cdot S[\text{V}]$$

※ ϕ가 순시값으로 주어질 때 유기 기전력

(1) $\phi = \phi_m \sin wt$

$$\begin{aligned} e &= -N\frac{d\phi_m}{dt}\sin wt \\ &= -N\phi_m \cos wt \times w \\ &= -wN\phi_m \cos wt \\ &= -wN\phi_m \sin(wt+90) \\ &= wN\phi_m \sin(wt-90)[\text{V}] \end{aligned}$$
↳ 최댓값

(2) $\phi = \phi_m \cos wt$

$$\begin{aligned} e &= -N\frac{d}{dt}\phi_m \cos wt \\ &= -N\phi_m \times (-\sin wt) \times w \\ &= wN\phi_m \sin wt[\text{V}] \end{aligned}$$

※ 유기 기전력은 자속보다 위상이 $90°(\frac{\pi}{2})$만큼 뒤진다.

02 표피 효과(P)와 침투 깊이(δ)

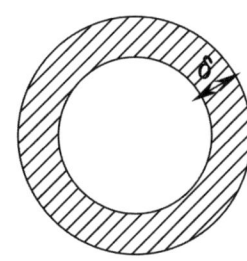

$\delta = \sqrt{\dfrac{2}{wk\mu}}\,[\text{m}] = \dfrac{1}{P}$

k : 도전율[℧/m], [S/m]

"ps" 표피 효과

도체 중심부로 갈수록 전류와 쇄교하는 자속이 커질 때 $e = -N\dfrac{d\phi}{dt}$이므로 공급 기전력과 반대의 유기 기전력이 생겨 전류가 흐르기 어렵다.

그러므로, 전류가 도체 표면으로 집중해서 흐르게 되는데 이와 같은 현상을 표피 효과라 한다.

※ 주파수 증가시

① 표피 효과 침투 깊이 $(\delta) \propto \sqrt{\dfrac{1}{f}}$ 감소

② 표피 효과 $(\dfrac{1}{\delta}) \propto \sqrt{f}$ 증가

③ 저항 $(R) = \rho\dfrac{\ell}{S\downarrow} \propto \sqrt{f}$ 증가

09 출제예상문제

01 권수 500[T]의 코일 내를 통하는 자속이 다음 그림과 같이 변화하고 있다. $\overline{bc}$ 기간 내에 코일 단자 간에 생기는 유기 기전력[V]은?

① 1.5
② 0.7
③ 1.4
④ 0

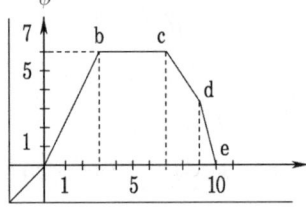

해설 Chapter - 09 - **01**

$e = -N\dfrac{d\phi}{dt}$

bc 구간에서 자속의 변화량이 없다. ($d\phi = 0$)

∴ 유기 기전력 (e)는 0이다.

02 패러데이의 법칙에서 회로와 쇄교하는 전자속수를 ϕ[Wb], 회로의 권회수를 N이라 할 때 유도 기전력 U는 얼마인가?

① $2\pi\mu N\phi$
② $4\pi\mu N\phi$
③ $-N\dfrac{d\phi}{dt}$
④ $-\dfrac{1}{N}\dfrac{d\phi}{dt}$

해설 Chapter - 09 - **01**

03 $\phi = \phi_m \sin\omega t$[Wb]인 정현파로 변화하는 자속이 권수 N인 코일과 쇄교할 때의 유기 기전력의 위상은 자속에 비해 어떠한가?

① $\pi/2$ 만큼 빠르다.
② $\pi/2$ 만큼 늦다.
③ π 만큼 빠르다.
④ 동위상이다.

해설 Chapter - 09 - **01**

페러데이의 전자 유도 법칙에 의한 유기 기전력

$e = -N\dfrac{d\phi}{dt}$ [V]

$\phi = \phi_m \sin\omega t$

$e = -N\dfrac{d\phi}{dt} = -N\dfrac{d}{dt}(\phi_m \sin\omega t) = -\omega N\phi_m \cos\omega t$

$= -\omega N\phi_m \sin(\omega t + 90) = \omega N\phi_m \sin(\omega t - 90)$[V]

∴ 유기 기전력은 자속보다 위상이 $90°\left(\dfrac{\pi}{2}\right)$만큼 뒤진다.

정답 01 ④   02 ③   03 ②

04 자속 ϕ[Wb]가 주파수 f[Hz]로 정현파 모양의 변화를 할 때, 즉 $\phi = \phi_m \sin 2\pi ft$[Wb]일 때, 이 자속과 쇄교하는 회로에 발생하는 기전력은 몇 [V]인가? (단, N은 코일의 권회수이다.)

① $-\pi f N \phi_m \cos 2\pi ft$
② $-2\pi f N \phi_m \cos 2\pi ft$
③ $-\pi f N \phi_m \sin 2\pi ft$
④ $-2\pi f N \phi_m \sin 2\pi ft$

해설 Chapter - 09 - **01**
$e = -N\dfrac{d\phi}{dt} = -N\dfrac{d}{dt}(\phi_m \sin 2\pi ft) = -2\pi f N \phi_m \cos 2\pi ft$ [V]

05 정현파 자속의 주파수를 4배로 높이면 유기 기전력은?

① 4배로 감소한다.
② 4배로 증가한다.
③ 2배로 감소한다.
④ 2배로 증가한다.

해설 Chapter - 09 - **01**
$\phi = \phi_m \sin \omega t$
$e = -N\dfrac{d\phi}{dt} = -N\dfrac{d}{dt}(\phi_m \sin \omega t)$
$\quad = -\omega N \phi_m \cos \omega t$
$\quad = -\omega N \phi_m \sin(\omega t + 90) = \omega N \phi_m \sin(\omega t - 90)$ [V]
$e \propto f$ ∴ 주파수를 4배로 높이면 유기 기전력도 4배로 증가
여기서 $\omega = 2\pi f$[rad/s]

06 N회의 권선에 최댓값 1[V], 주파수 f[Hz]인 기전력을 유기시키기 위한 쇄교 자속의 최댓값[Wb]은?

① $\dfrac{f}{2\pi N}$
② $\dfrac{2N}{\pi f}$
③ $\dfrac{1}{2\pi f N}$
④ $\dfrac{N}{2\pi f}$

해설 Chapter - 09 - **01**
유기 기전력 최댓값
$E_m = \omega N \phi_m$
$1 = 2\pi f N \phi_m$
$\phi_m = \dfrac{1}{2\pi f N}$[Wb]

정답 04 ② 05 ② 06 ③

07 도전율 σ, 투자율 μ인 도체에 교류 전류가 흐를 때의 표피 효과는?

① 주파수가 높을수록 작다.
② 투자율이 클수록 작다.
③ 도전율이 클수록 크다.
④ 투자율, 도전율은 무관하다.

해설 Chapter - 09 - **02**

표피 효과와 침투 깊이$(\delta) = \sqrt{\dfrac{2}{\omega k \mu}}$ [m] μ : 투자율 k : 도전율

표피 효과는 침투 깊이와 반비례 관계(즉 표피 효과가 좋다는 것은 표피 효과에 의한 침투 깊이가 작아서 전류가 도체 표면으로 많이 흐른다는 뜻)

$\therefore$ 표피 효과 $\propto \dfrac{1}{\delta} \propto \sqrt{\dfrac{\omega k \mu}{2}} \propto \sqrt{fk\mu}$

08 도전율 σ, 투자율 μ인 도체에 교류 전류가 흐를 때 표피 효과에 의한 침투 깊이 δ는 σ 와 μ, 그리고 주파수 f에 관계가 있는가?

① 주파수 f와 무관하다.
② σ가 클수록 작다.
③ σ와 μ에 비례한다.
④ μ가 클수록 크다.

해설 Chapter - 09 - **02**

표피 효과와 침투깊이$(\delta) = \sqrt{\dfrac{2}{\omega k \mu}}$ [m] μ : 투자율 k : 도전율

도전율을 k 대신 σ 로 보았음

$\delta = \sqrt{\dfrac{2}{\omega \sigma \mu}} \propto \sqrt{\dfrac{1}{f \sigma \mu}}$

σ(도전율)이 클수록 δ(표피 효과와 침투 깊이)는 작다.

09 주파수 f = 100[MHz]일 때 구리의 표피 두께(skin depth)는 대략 몇 [mm]인가? (단, 구리의 도전율은 5.8×10^7 [S/m], 비투자율은 1이다.)

① 3.3×10^{-2}
② 6.61×10^{-2}
③ 3.3×10^{-3}
④ 6.61×10^{-3}

정답 07 ③   08 ②   09 ④

해설 Chapter − 09 − **02**

표피 효과와 침투 깊이$(\delta) = \sqrt{\dfrac{2}{\omega k \mu}}$ [m] μ : 투자율 k : 도전율

$$\delta = \sqrt{\dfrac{2}{2\pi \times 100 \times 10^6 \times 5.8 \times 10^7 \times 4\pi \times 10^{-7}}} \times 10^3 [\text{mm}]$$

$= 6.61 \times 10^{-3}$ [mm]

10 도선이 고주파로 인한 표피 효과의 영향으로 저항분이 증가하는 양은?

① $\sqrt{f}$ 에 비례
② f 에 비례
③ f^2 에 비례
④ $\dfrac{1}{f}$ 에 비례

해설 Chapter − 09 − **02**

표피 효과가 좋을수록 전류가 도체 표면으로 많이 흐르기 때문에 전류가 흐르는 면적이 적어진다.
저항 $(R) = \rho \dfrac{\ell}{S} \propto \dfrac{1}{S}$

∴ 표피 효과가 좋을수록 저항은 커진다.
   표피 효과 $\propto \sqrt{f}$
   저항 $\propto \sqrt{f}$

11 표피 효과의 영향에 대한 설명이다. 부적합한 것은?

① 전기 저항을 증가시킨다.
② 상호 유도계수를 증가시킨다.
③ 주파수가 높을수록 크다.
④ 도전율이 높을수록 크다.

해설 Chapter − 09 − **02**

12 도전도 $k = 6 \times 10^{17}$ [℧/m], 투자율 $\mu = \dfrac{6}{\pi} \times 10^{-7}$ [H/m]인 평면도체 표면에 10[kHz]의 전류가 흐를 때, 침투깊이 δ[m]는?

① $\dfrac{1}{6} \times 10^{-7}$
② $\dfrac{1}{8.5} \times 10^{-7}$
③ $\dfrac{36}{\pi} \times 10^{-6}$
④ $\dfrac{36}{\pi} \times 10^{-10}$

정답 10 ① 11 ② 12 ①

해설 Chapter 09 – 02

침투깊이 $\delta = \sqrt{\dfrac{2}{\omega k \mu}} = \sqrt{\dfrac{2}{2\pi \times 10 \times 10^3 \times 6 \times 10^{17} \times \dfrac{6}{\pi} \times 10^{-7}}}$

$= \dfrac{1}{6} \times 10^{-7} [\text{m}]$

13 그림과 같이 전류가 흐르는 반원형 도선이 평면 $Z = 0$ 상에 놓여있다. 이 도선이 자속밀도 $B = 0.6a_x - 0.5a_y + a_z [\text{Wb/m}^2]$인 균일 자계 내에 놓여 있을 때 도선의 직선 부분에 작용하는 힘[N]은?

① $4a_x + 2.4a_z$ ② $4a_x - 2.4a_z$
③ $5a_x - 3.5a_z$ ④ $-5a_x + 3.5a_z$

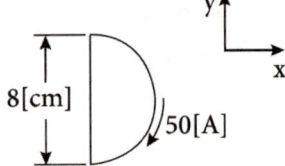

해설 Chapter 09 – 01
직선도체에 작용하는힘
$F = (I \times B)\ell [\text{N}]$ 반원직선부분 전류 $I = 50a_y [\text{A}]$

$I \times B = \begin{vmatrix} a_x & a_y & a_z \\ 0 & 50 & 0 \\ 0.6 & 0.5 & 1 \end{vmatrix} = 50a_x - 30a_z$

$(I \times B) \cdot \ell = (50a_x - 30a_z) \times 0.08 = 4a_x - 2.4a_z [\text{N}]$

14 다음 (가), (나)에 대한 법칙을 알맞은 것은?

전자유도에 의하여 회로에 발생되는 기전력은 쇄교 자속수의 시간에 대한 감소비율에 비례한다는 (가)에 따르고 특히, 유도된 기전력의 방향은 (나)에 따른다.

① (가) 패러데이의 법칙, (나) 렌츠의 법칙
② (가) 렌츠의 법칙, (나) 패러데이의 법칙
③ (가) 플레밍의 왼손법칙, (나) 패러데이의 법칙
④ (가) 패러데이의 법칙, (나) 플레밍의 왼손법칙

해설 Chapter 09 – 01
패러데이법칙은 전자유도에 의하여 회로에 발생되는 기전력은 쇄교 자속수의 시간에 대한 감소율에 비례하며 유기기전력의 크기를 결정하고, 렌츠 법칙은 유도된 기전력의 방향을 결정한다.

정답 13 ② 14 ①

chapter 10

인덕턴스

10 인덕턴스

01 인덕턴스

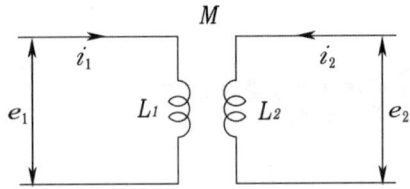

L_1, L_2 : 자기 인덕턴스[H]
M : 상호 인덕턴스[H]

(1) $e = -N\dfrac{d\phi}{dt} = -N\dfrac{d\phi}{di} \times \dfrac{di}{dt} \Rightarrow \left(L = N\dfrac{d\phi}{di}\right)$

   $= -L\dfrac{di}{dt}[\text{V}]$

(2) $e_1 = -L_1\dfrac{di_1}{dt}[\text{V}]$ $e_2 = -M\dfrac{di_1}{dt}[\text{V}]$

$$R_m = \dfrac{N_1^2}{L_1} = \dfrac{N_2^2}{L_2} = \dfrac{N_1 N_2}{M}$$

(3) $L_1 = \dfrac{N_1 \phi_1}{I_1}$ $L_2 = \dfrac{N_2 \phi_2}{I_2}$ $M = \dfrac{N_2 \phi_2}{I_1} = \dfrac{N_1 \phi_1}{I_2}$

$\dfrac{N_2 \phi_2}{I_1} \times \dfrac{N_1 \phi_1}{I_2} = \dfrac{N_1 \phi_1}{I_1} \times \dfrac{N_2 \phi_2}{I_2}$

일반적으로 자속이 전부 쇄교하는 것이 아니므로
$M = k\sqrt{L_1 L_2} \Rightarrow k$(결합계수) $0 \leq k \leq 1$
이상 결합시 $k = 1$

02 인덕턴스 계산

(1) 솔레노이드

① 환상솔레노이드

$$L = \frac{\mu S N^2}{\ell} = \frac{N^2}{R_m} [\text{H}]$$

② 무한장솔레노이드

$$L = \mu S n^2 [\text{H/m}]$$

(2) 원주(동축원통)

① 외부(무한장 직선 전류)$(a < r < b)$

$$LI = N\phi$$

$$L = \frac{N}{I}\Phi \Rightarrow \Phi = \int d\phi$$

$$= \int B ds \, (ds = \ell dr)$$

$$= \int \mu_0 H \ell dr$$

$$= \int_a^b \mu_0 \frac{I}{2\pi r} \ell dr$$

$$= \frac{\mu_0 I \ell}{2\pi} [\ell n r]_a^b$$

$$= \frac{\mu_0 I \ell}{2\pi} (\ell n b - \ell n a)$$

$$= \frac{\mu_0 I \ell}{2\pi} \ell n \frac{b}{a}$$

$$\therefore L = \frac{\mu_0 \ell}{2\pi} \ell n \frac{b}{a} [\text{H}]$$

② 내부($r < a$)

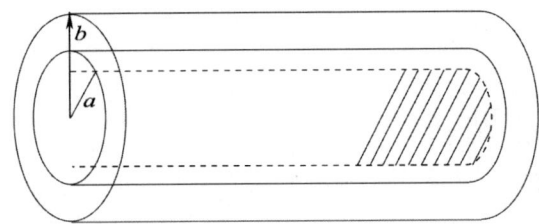

$$W = \frac{1}{2}\mu H^2[\text{J/m}^3] \times v[\text{m}^3] = \frac{1}{2}LI^2[\text{J}]$$

$$W = \int_0^a \frac{1}{2}\mu H^2 dv \, (dv = \ell \cdot ds = \ell \cdot d\pi r^2 = \ell \cdot 2\pi r dr)$$

ex. $\int dx^2 = x^2 + c$

$\int 2x dx = x^2 + c$

$$= \int_0^a \frac{1}{2}\mu\left(\frac{rI}{2\pi a^2}\right)^2 \ell 2\pi r dr$$

$$= \int_0^a \frac{\mu r^3 I^2 \ell}{4\pi a^4} dr$$

$$= \frac{\mu I^2 \ell}{4\pi a^4}\left[\frac{1}{4}r^4\right]_0^a$$

$$= \frac{\mu I^2 \ell a^4}{16\pi a^4} = \frac{\mu I^2 \ell}{16\pi}$$

$$= \frac{\mu I^2 \ell}{16\pi} = \frac{1}{2}LI^2$$

$$L = \frac{\mu \ell}{8\pi}[\text{H}]$$

$$\therefore L = \frac{\mu_0 \ell}{2\pi}\ell n\frac{b}{a} + \frac{\mu \ell}{8\pi}[\text{H}]$$
  (외부)   (내부)

(3) 평행 도선

① 외부

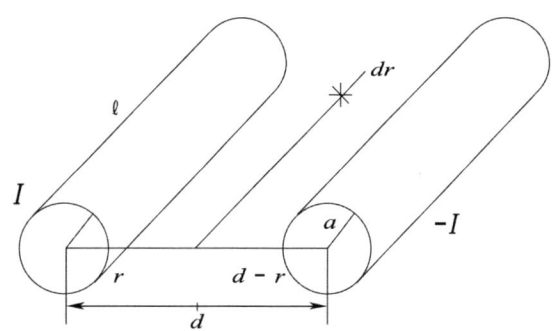

$$LI = N\phi$$
$$L = \frac{N}{I}\phi \Rightarrow \phi = \int d\phi$$
$$= \int B ds$$
$$= \int \mu_0 H \ell dr$$
$$= \int_a^{d-a} \mu_0 \left(\frac{I}{2\pi r} + \frac{I}{2\pi(d-r)}\right) \ell dr$$
$$= \frac{\mu_0 I \ell}{2\pi} \left\{[\ell n r]_a^{d-a} - [\ell n(d-r)]_a^{d-a}\right\}$$
$$= \frac{\mu_0 I \ell}{2\pi} \left(\ell n \frac{d-a}{a} - \ell n \frac{a}{d-a}\right)$$
$$= \frac{\mu_0 I \ell}{2\pi} \ell n \left(\frac{d-a}{a}\right)^2 \Rightarrow d-a = d(d \gg a)$$
$$= \frac{\mu_0 I \ell}{\pi} \ell n \frac{d}{a}$$

$$L = \frac{1}{I} \times \frac{\mu_0 I \ell}{\pi} \ell n \frac{d}{a} = \frac{\mu_0 \ell}{\pi} \ell n \frac{d}{a} [\text{H}]$$

② 내부

$$L = \frac{\mu \ell}{4\pi} \qquad \therefore L = \frac{\mu_0 \ell}{\pi} \ell n \frac{d}{a} + \frac{\mu \ell}{4\pi} [\text{H}]$$
$$\qquad\qquad\qquad\qquad\quad (\text{외부}) \quad\; (\text{내부})$$

03 인덕턴스 접속

(1) 직렬 접속

① 가동 접속

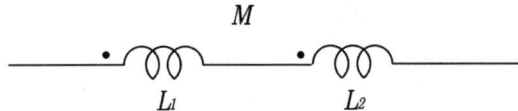

$$L = L_1 + L_2 + 2M$$
$$= L_1 + L_2 + 2k\sqrt{L_1 L_2}\,[\text{H}]$$

② 차동 접속

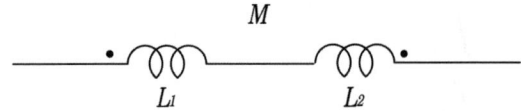

$$L = L_1 + L_2 - 2M$$
$$= L_1 + L_2 - 2k\sqrt{L_1 L_2}\,[\text{H}]$$

(2) 병렬 접속

① 가동 접속

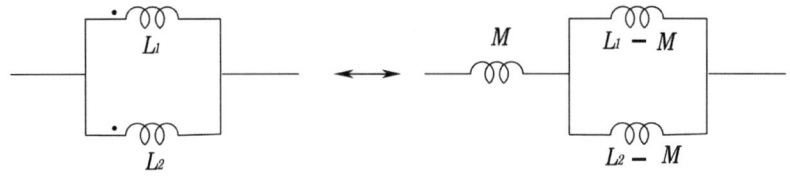

$$wL = wM + \frac{w^2(L_1 - M)(L_2 - M)}{w(L_1 - M) + w(L_2 - M)}$$

$$L = \frac{L_1 M + L_2 M - 2M^2 + L_2 L_2 - L_1 M - L_2 M + M^2}{L_1 + L_2 - 2M}$$

$$= \frac{L_1 L_2 - M^2}{L_1 + L_2 - 2M}\,[\text{H}]$$

② 차동 접속

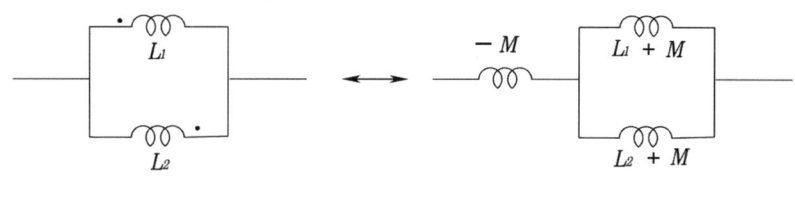

$$L = \frac{L_1 L_2 - M^2}{L_1 + L_2 + 2M}[\text{H}]$$

04 자계 에너지

$$W = \frac{1}{2}LI^2 = \frac{\phi^2}{2L} = \frac{1}{2}\phi I[\text{J}]$$

$L = L_1 + L_2 \pm 2M[\text{H}]$ (합성 인덕턴스 직렬)

$\quad = \dfrac{\mu S N^2}{\ell}[\text{H}]$ (환상 솔레노이드)

CHAPTER 10 출제예상문제

01 두 코일이 있다. 각 코일의 자기 인덕턴스가 L_1 = 0.15[H], L_2 = 0.2[H], 상호 인덕턴스가 M = 0.1[H]라고 하면, 두 코일의 결합계수 k는?

① 0.456
② 0.578
③ 0.628
④ 0.725

해설 Chapter - 10 - **01**

$M = k\sqrt{L_1 L_2}$ (k는 결합계수)

$k = \dfrac{M}{\sqrt{L_1 L_2}} = \dfrac{0.1}{\sqrt{0.15 \times 0.2}} = 0.578$

02 그림 (a)의 인덕턴스에 전류가 그림 (b)와 같이 흐를 때 2초에서 6초 사이의 인덕턴스 전압 V_L은 몇 [V]인가? (단, L = 1[H]이다.)

① 0
② 5
③ 10
④ -5

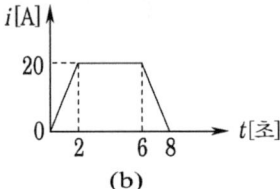

(a)

(b)

해설 Chapter - 10 - **01**

$e = -L\dfrac{di}{dt}$ L : 인덕턴스[H]

2(초) ~ 6(초) 구간 사이에서 전류 변화량이 없다.($di = 0$)
∴ $e = 0$

03 자기 인덕턴스가 각각 L_1, L_2인 두 코일의 상호 인덕턴스가 M일 때 결합 계수는?

① $\dfrac{M}{L_1 L_2}$
② $\dfrac{L_1 L_2}{M}$
③ $\dfrac{M}{\sqrt{L_1 L_2}}$
④ $\dfrac{\sqrt{L_1 L_2}}{M}$

해설 Chapter 10 - **04**

결합계수 k

$k = \dfrac{M}{\sqrt{L_1 L_2}}$

정답 01 ② 02 ① 03 ③

04 회로에 발생하는 기전력에 관련되는 법칙은 어느 것인가?
① 가우스의 법칙과 옴의 법칙
② 플레밍의 법칙과 옴의 법칙
③ 패러데이의 법칙과 렌츠의 법칙
④ 암페아의 법칙과 비오사바르의 법칙

05 다음 중 자기 인덕턴스의 성질을 옳게 표현한 것은?
① 항상 부(負)이다.
② 항상 정(正)이다.
③ 항상 0이다.
④ 유도되는 기전력에 따라 정(正)도 되고 부(負)도 된다.

06 자기 인덕턴스 0.05[H]의 회로에 흐르는 전류가 매초 530[A]의 비율로 증가할 때 자기 유도 기전력[V]을 구하면?
① -25.5
② -26.5
③ 25.5
④ 26.5

해설 Chapter - 10 - 01
$e = -L\dfrac{di}{dt}$ L : 인덕턴스[H]

$e = -0.05 \times \dfrac{530}{1} = -26.5\,[V]$

07 자기 인덕턴스 0.5[H]의 코일에 1/200[s] 동안에 전류가 25[A]로부터 20[A]로 줄었다. 이 코일에 유기된 기전력의 크기 및 방향은?
① 50[V], 전류와 같은 방향
② 50[V], 전류와 반대 방향
③ 500[V], 전류와 같은 방향
④ 500[V], 전류와 반대 방향

정답 04 ③　05 ②　06 ②　07 ③

해설 Chapter - 10 - **01**

$e = -L\dfrac{di}{dt}$　　L : 인덕턴스[H]

$e = -L\dfrac{di}{dt}$ 이용

이유 : 방향을 물어보았기 때문에 정확히 $e = -L\dfrac{di}{dt}$ 를 이용

$e = -0.5 \times \dfrac{20-25}{\dfrac{1}{200}} = 500[\text{V}]$

(+)값이므로 전류와 같은 방향

08 [ohm · sec]와 같은 단위는?

① [farad]　　　　　　② [farad/m]
③ [henry]　　　　　　④ [henry/m]

해설 Chapter - 10 - **01**

$e = L\dfrac{di}{dt}$, $L = \dfrac{e}{di}dt =$ 저항 × 시간[Ω · S]

∴ 인덕턴스 (L)의 단위는 [henry] 또는 [Ω · S]

09 권수 200회이고, 자기 인덕턴스 20[mH]의 코일에 2[A]의 전류를 흘리면, 쇄교자속수 [Wb]는?

① 0.04　　　　　　　② 0.01
③ 4×10^{-4}　　　　　④ 2×10^{-4}

해설 Chapter - 10 - **01**

$LI = N\phi$

$\phi = \dfrac{LI}{N} = \dfrac{20 \times 10^{-3}}{200} \times 2 = 2 \times 10^{-4}[\text{Wb}]$

정답 08 ③　09 ④

10 권수가 N 인 철심이 든 환상 솔레노이드가 있다. 철심의 투자율을 일정하다고 하면, 이 솔레노이드의 자기 인덕턴스 L 은? (단, 여기서 R_m 은 철심의 자기 저항이고 솔레노이드에 흐르는 전류를 I 라 한다.)

① $L = \dfrac{R_m}{N^2}$ ② $L = \dfrac{N^2}{R_m}$ ③ $L = R_m N^2$ ④ $L = \dfrac{N}{R_m}$

해설 Chapter − 10 − **02**

$L = \dfrac{N}{I} \phi$

$= \dfrac{N}{I} \cdot \dfrac{F}{R_m} = \dfrac{N}{I} \cdot \dfrac{NI}{R_m} = \dfrac{N^2}{R_m}$

11 그림과 같이 단면적 $S[m^2]$, 평균 자로 길이 $l\,[m]$, 투자율 $\mu[H/m]$인 철심에 N_1, N_2 권선을 감은 무단 솔레노이드가 있다. 누설 자속을 무시할 때 권선의 상호 인덕턴스[H]는?

① $\dfrac{\mu N_1 N_2 S}{l^2}$

② $\dfrac{\mu N_1 N_2 S}{l}$

③ $\dfrac{\mu N_1 N_2^2 S}{l}$

④ $\dfrac{\mu N_1 N_2 S^2}{l}$

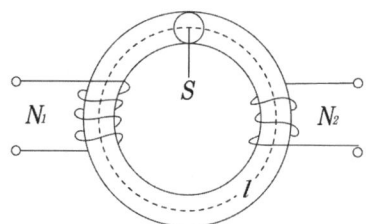

해설 Chapter − 10 − **02**

$M = \dfrac{\mu S N_1 N_2}{\ell}$ [H]

12 단면적 $S[m^2]$, 자로의 길이 $\ell[m]$, 투자율 $\mu[H/m]$의 환상 철심에 자로 1[m]당 n회씩 균등하게 코일을 감았을 경우의 자기 인덕턴스는 몇 [H]인가?

① $\mu n \ell S$ ② $\dfrac{\mu n^2 \ell}{S}$ ③ $\mu n^2 \ell S$ ④ $\dfrac{\mu n^2 S}{\ell}$

해설 Chapter − 10 − **02**

$L = \dfrac{\mu S (n\ell)^2}{\ell} = \mu S n^2 \ell$ [H]

정답 10 ② 11 ② 12 ③

13 그림과 같이 환상의 철심에 일정한 권선이 감겨진 권수 N 회, 단면적 $S[m^2]$, 평균 자로의 길이 l [m]인 환상 솔레이드에 전류 $I[A]$를 흘렸을 때 이 환상 솔레노이드의 자기 인덕턴스를 옳게 표현한 식은?

① $\dfrac{\mu^2 SN}{l}$ ② $\dfrac{\mu S^2 N}{l}$

③ $\dfrac{\mu SN}{l}$ ④ $\dfrac{\mu SN^2}{l}$

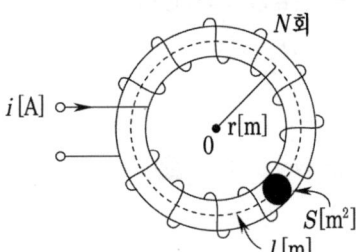

해설 Chapter − 10 − **02**

$LI = N\phi$

$L = \dfrac{N}{I} \cdot \dfrac{\mu SNI}{\ell}$

$= \dfrac{\mu SN^2}{\ell}$ [H]

14 평균 반지름이 a[m], 단면적 $S[m^2]$인 원환 철심(투자율 μ)에 권선수 N 인 코일을 감았을 때 자기 인덕턴스는?

① $\mu N^2 Sa$ [H] ② $\dfrac{\mu N^2 S}{\pi a^2}$ [H] ③ $\dfrac{\mu N^2 S}{2\pi a}$ [H] ④ $2\pi a \mu N^2 S$ [H]

해설 Chapter − 10 − **02**

$L = \dfrac{\mu SN^2}{\ell}$ [H] 여기서 $\ell = 2\pi a = \pi d$[m]이고, a[m]는 평균 반지름, d[m]는 평균 지름이다.

$L = \dfrac{\mu SN^2}{2\pi a}$ [H]

15 단면적 $S[m^2]$, 자로의 길이 l [m], 투자율 μ[H/m]의 환상 철심에 1[m]당 N 회 균등하게 코일을 감았을 때 자기 인덕턴스[H]는?

① $\mu N^2 l S$ ② $\dfrac{\mu N^2 l}{S}$ ③ $\mu Nl S$ ④ $\dfrac{\mu N^2 S}{l}$

해설 Chapter − 10 − **02**

문제에서 N이 단위 길이당 권수로 주어졌으므로

$L = \dfrac{\mu S(N\ell)^2}{\ell} = \mu SN^2 \ell$[H]

정답 13 ④ 14 ③ 15 ①

16 그림과 같은 1[m]당 권선수 n, 반지름 a[m]의 무한장 솔레노이드의 자기 인덕턴스[H/m]는 n과 a사이에 어떠한 관계가 있는가?

① a와는 상관없고 n^2에 비례한다.
② a와 n의 곱에 비례한다.
③ a^2와 n^2의 곱에 비례한다.
④ a^2에 반비례하고 n^2에 비례한다.

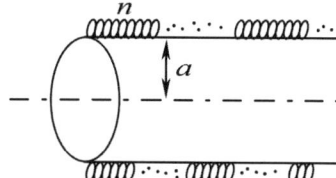

해설 Chapter − 10 − **02**
$L = \mu S n^2 [\text{H/m}] = \mu \pi a^2 n^2 [\text{H/m}]$
$L \propto a^2 n^2 S$

17 코일에 있어서 자기 인덕턴스는 다음의 어떤 매질 상수에 비례하는가?

① 저항률 ② 유전율 ③ 투자율 ④ 도전율

해설 Chapter − 10 − **02**
$L = \dfrac{\mu S N^2}{\ell} [\text{H}]$

$L \propto \mu$ (자기 인덕턴스는 투자율에 비례)

18 N회 감긴 환상 코일의 단면적이 $S[\text{m}^2]$이고 평균 길이가 $l[\text{m}]$이다. 이 코일의 권수를 반으로 줄이고 인덕턴스를 일정하게 하려면?

① 길이를 1/4배로 한다. ② 단면적을 2배로 한다.
③ 전류의 세기를 2배로 한다. ④ 전류의 세기를 4배로 한다.

해설 Chapter − 10 − **02**
$L = \dfrac{\mu S N^2}{\ell} [\text{H}]$

$L' = \dfrac{\mu S (\frac{1}{2}N)^2}{\ell'} = \dfrac{\mu S N^2 \times \frac{1}{4}}{\ell \times \frac{1}{4}} = \dfrac{\mu S N^2}{\ell}$

즉 길이가 $\dfrac{1}{4}$배로 되면 된다.

19 그림과 같이 단면적이 균일한 환상 철심에 권수 N_1인 A 코일과 권수 N_2인 B 코일이 있을 때 A 코일의 자기 인덕턴스가 L_1[H]라면 두 코일의 상호 인덕턴스 M[H]는? (단, 누설 자속은 0이다.)

① $\dfrac{L_1 N_1}{N_2}$

② $\dfrac{N_2}{L_1 N_1}$

③ $\dfrac{N_1}{L_1 N_2}$

④ $\dfrac{L_1 N_2}{N_1}$

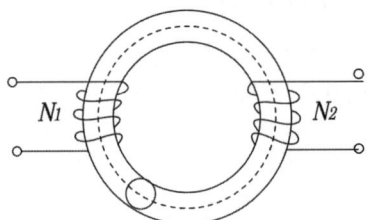

해설 Chapter – 10 – **02**

$R_m = \dfrac{N_1^2}{L_1} = \dfrac{N_1^2}{L_2} = \dfrac{N_1 N_2}{M}$ 에서

$\dfrac{N_1^2}{L_1} = \dfrac{N_1 N_2}{M}$, $M = \dfrac{N_2}{N_1} \times L_1$

20 권수 3,000회인 공심 코일의 자기 인덕턴스는 0.06[mH]이다. 지금 자기 인덕턴스를 0.135[mH]로 하자면 권수는 몇 회로 하면 되는가?

① 3,500회
② 4,500회
③ 5,500회
④ 6,750회

해설 Chapter – 10 – **02** – (2)

자기 저항 $R_m = \dfrac{N_1^2}{L_1} = \dfrac{N_2^2}{L_2}$ 에서

$N_2 = \sqrt{\dfrac{L_2}{L_1}} \times N_1 = \sqrt{\dfrac{0.135}{0.06}} \times 3{,}000 = 4{,}500\,[\text{회}]$

여기서 $L_1 = \dfrac{N_1^{\,2}}{R_m}$[H], $L_2 = \dfrac{N_2^{\,2}}{R_m}$[H]

정답 19 ④ 20 ②

21 철심이 들어 있는 환상 코일에서 1차 코일의 권수가 100회일 때 자기 인덕턴스는 0.01[H]이었다. 이 철심에 2차 코일을 200회 감았을 때 2차 코일의 자기 인덕턴스와 상호 인덕턴스는 각각 몇 [H]인가?

① 자기 인덕턴스 : 0.02, 상호 인덕턴스 : 0.01
② 자기 인덕턴스 : 0.01, 상호 인덕턴스 : 0.02
③ 자기 인덕턴스 : 0.04, 상호 인덕턴스 : 0.02
④ 자기 인덕턴스 : 0.02, 상호 인덕턴스 : 0.04

해설 Chapter − 10 − **02** − (2)

자기 저항 $R_m = \dfrac{N_1^2}{L_1} = \dfrac{N_2^2}{L_2} = \dfrac{N_1 N_2}{M}$ 에서

자기 인덕턴스 $L_2 = \dfrac{N_2^2}{N_1^2} \times L_1 = \dfrac{200^2}{100^2} \times 0.01 = 0.04 [H]$

상호 인덕턴스 $M = \dfrac{N_2}{N_1} \times L_1 = \dfrac{200}{100} \times 0.01 = 0.02 [H]$

22 균일 분포 전류 I[A]가 반지름 a[m]인 비자성 원형 도체에 흐를 때, 단위 길이당 도체 내부 인덕턴스[H/m]의 크기는? (단, 도체의 투자율을 μ_0로 가정)

① $\dfrac{\mu_0}{2\pi}$
② $\dfrac{\mu_0}{4\pi}$
③ $\dfrac{\mu_0}{6\pi}$
④ $\dfrac{\mu_0}{8\pi}$

해설 Chapter − 10 − **02** − (4)

원형 도체는 동축 원통을 의미, 이때 내부 인덕턴스

$L = \dfrac{\mu \ell}{8\pi} \times \dfrac{1}{\ell}$ [H/m]

$= \dfrac{\mu}{8\pi}$ [H/m] (문제에서 투자율 μ를 μ_0로 봄)

$= \dfrac{\mu_0}{8\pi}$ [H/m]

정답 21 ③ 22 ④

23 무한히 긴 원주 도체의 내부 인덕턴스의 크기는 어떻게 결정되는가?

① 도체의 인덕턴스는 0이다.
② 도체의 기하학적 모양에 따라 결정된다.
③ 주위와 자계의 세기에 따라 결정된다.
④ 도체의 재질에 따라 결정된다.

해설 Chapter – 10 – **02** – (4)
무한히 긴 원주 도체는 무한장 직선, 즉 동축 원통을 의미, 이때 동축 원통의 내부 인덕턴스
$$L = \frac{\mu \ell}{8\pi} = \frac{\mu_0 \mu_s \ell}{8\pi} [H]$$

$L \propto \mu_s$(내부 인덕턴스는 비투자율, 즉 도체의 재질에 비례)

24 임의의 단면을 가진 2개의 원주상의 무한히 긴 평행 도체가 있다. 지금 도체의 도전율을 무한대라고 하면 C, L, ϵ 및 μ 사이의 관계는? (단, C는 두 도체 간의 단위길이당 정전 용량, L은 두 도체를 한 개의 왕복회로로 한 경우의 단위길이당 자기 인덕턴스, ϵ은 두 도체 사이에 있는 매질의 유전율, μ는 두 도체 사이에 있는 매질의 투자율이다.)

① $\dfrac{C}{\epsilon} = \dfrac{L}{\mu}$
② $\dfrac{1}{LC} = \epsilon \mu$
③ $C\epsilon = L\mu$
④ $LC = \epsilon \mu$

해설 Chapter – 03 – **04** – (4), **해설** Chapter – 10 – **02** – (5)
평행 도선의 단위길이당 인덕턴스 및 정전 용량
$$L = \frac{\mu}{\pi} \ln \frac{d}{a} [H/m]$$
$$C = \frac{\pi \epsilon}{\ln \dfrac{d}{a}} [F/m]$$
$\therefore L \cdot C = \epsilon \mu$

정답 23 ④ 24 ④

25 10[mH]의 두 가지 인덕턴스가 있다. 결합계수를 0.1로부터 0.9까지 변화시킬 수 있다면 이것을 접속시켜 얻을 수 있는 합성 인덕턴스의 최댓값과 최솟값의 비는?

① 9 : 1
② 13 : 1
③ 16 : 1
④ 19 : 1

해설 Chapter - 10 - **03**

$L_{\max}$(최댓값) $= L_1 + L_2 + 2M$(가동 접속)
$= L_1 + L_2 + 2k\sqrt{L_1 L_2}$ (k 가 0.9일 때 $L_{\max}$값이 최대)
$= 10 + 10 + (2 \times 0.9 \sqrt{10 \times 10})$[mH]
$= 38$[mH]

$L_{\min}$(최솟값) $= L_1 + L_2 - 2M$(차동 접속)
$= L_1 + L_2 - 2k\sqrt{L_1 L_2}$
$= 10 + 10 - (2 \times 0.9 \sqrt{10 \times 10})$ (k 가 0.9일 때 $L_{\min}$값이 최소)
$= 2$[mH]

$L_{\max} : L_{\min} = 38 : 2 = 19 : 1$

26 인덕턴스 L[H]인 코일에 I[A]의 전류가 흐른다면, 이 코일에 축적되는 에너지[J]는?

① LI^2
② $2LI^2$
③ $\frac{1}{2}LI^2$
④ $\frac{1}{4}LI^2$

해설 Chapter - 10 - **04**

L인 회로에서 축적되는 에너지
$W = \frac{1}{2}LI^2$ [J]

27 100[mH]의 자기 인덕턴스를 가진 코일에 10[A]의 전류를 통할 때 축적되는 에너지[J]는?

① 1
② 5
③ 50
④ 1000

해설 Chapter - 10 - **04**

$W = \frac{1}{2}LI^2$
$= \frac{1}{2} \times 100 \times 10^{-3} \times 10^2 = 5$[J]

정답 25 ④ 26 ③ 27 ②

28 그림과 같이 각 코일의 자기 인덕턴스가 각각 L_1 = 6[H], L_2 = 2[H]이고 1, 2코일 사이에 상호 유도에 의한 상호 인덕턴스 M = 3[H]일 때 전 코일에 저축되는 자기 에너지[J]는? (단, I = 10[A]이다.)

① 60
② 100
③ 600
④ 700

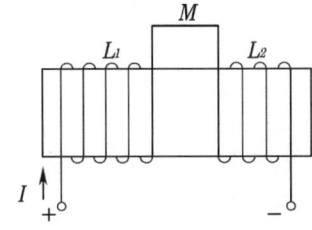

해설 Chapter – 10 – **03**, **04**

암페아의 오른손 법칙을 이용하면 자속이 합쳐지는 방향이 아니라 빼지는 방향이다.
그러므로 직렬 연결시 차동 접속 $L = L_1 + L_2 - 2M$
L 회로에서 축적되는 에너지

$$W = \frac{1}{2}LI^2 [J]$$

$$= \frac{1}{2}(L_1 + L_2 - 2M)I^2 = \frac{1}{2}(6+2-2\times3)\times10^2$$

$$= 100[J]$$

29 L_1 = 5[mH], L_2 = 80[mH], 결합계수 k = 0.5인 두 개의 코일을 그림과 같이 접속하고 I = 0.5[A]의 전류를 흘릴 때 이 합성 코일에 축적되는 에너지[J]는?

① 13.13×10^{-3}
② 26.26×10^{-3}
③ 8.13×10^{-3}
④ 16.26×10^{-3}

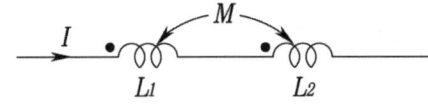

해설 Chapter – 10 – **03**, **04**

$$W = \frac{1}{2}LI^2$$

$$= \frac{1}{2}(L_1 + L_2 + 2k\sqrt{L_1 L_2})\times I^2$$

$$= \frac{1}{2}\times(5+80+2\times0.5\times\sqrt{5\times80})\times10^{-3}\times0.5^2$$

$$= 13.13 \times 10^{-3}[J]$$

30 비투자율 1,000, 단면적 10[cm²], 자로의 길이 100[cm], 권수 1,000회인 철심 환상 솔레노이드에 10[A]의 전류가 흐를 때 저축되는 자기 에너지는 몇 [J]인가?

① 62.8
② 6.28
③ 31.4
④ 3.14

해설 Chapter - 10 - **02**, **04**

$$W = \frac{1}{2}LI^2 = \frac{1}{2}\left(\frac{\mu SN^2}{\ell}\right) \cdot I^2$$
$$= \frac{1}{2}\left(\frac{4\pi \times 10^{-7} \times 1,000 \times 10 \times 10^{-4} \times 1,000^2}{1}\right) \times 10^2$$
$$= 62.8 \, [\text{J}]$$

31 L = 10[H]의 회로에 전류 6[A]가 흐르고 있다. 이 회로의 자계 내에 축적되는 에너지는 몇 [W·h]인가?

① 8.3×10^{-3}
② 4×10^{-2}
③ 5×10^{-2}
④ 8×10^{-2}

해설 Chapter - 10 - **04**

$$W = \frac{1}{2}LI^2 = \frac{1}{2} \times 10 \times 6^2 [\text{J}] = 180 [\text{W·s}]$$
$$= \frac{180}{3,600}[\text{W·h}] = 5 \times 10^{-2} [\text{W·h}]$$

32 환상 솔레노이드의 단면적이 S, 평균 반지름이 r, 권선수가 N이고 누설자속이 없는 경우 자기 인덕턴스의 크기는?

① 권선수 및 단면적에 비례한다.
② 권선수의 제곱 및 단면적에 비례한다.
③ 권선수의 제곱 및 평균 반지름에 비례한다.
④ 권선수의 제곱에 비례하고 단면적에 반비례한다.

해설 Chapter 10 - **02**

자기 인덕턴스는 $L = \frac{\mu SN^2}{l}$ 이므로 권선수의 제곱에 비례하고 단면적에 비례한다.

정답 30 ① 31 ③ 32 ②

33 그림에서 $N=1{,}000$회, $l=100[\text{cm}]$, $S=10[\text{cm}^2]$인 환상 철심의 자기 회로에 전류 $I=10[\text{A}]$를 흘렸을 때 축적되는 자계 에너지는 몇 [J]인가? (단, 비투자율 $\mu_r=100$이다.)

① $2\pi \times 10^{-3}$
② $2\pi \times 10^{-2}$
③ $2\pi \times 10^{-1}$
④ 2π

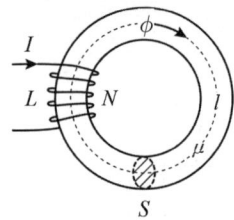

해설 Chapter 10 – **04**
축적되는 에너지
$$W=\frac{1}{2}LI^2=\frac{1}{2}\times 4\pi \times 10^{-2}\times 10^2=2\pi[\text{J}]$$
$$L=\frac{\mu SN^2}{\ell}=\frac{\mu_0\mu_s SN^2}{\ell}$$
$$=\frac{4\pi \times 10^{-7}\times 100\times 10^{-4}\times 1{,}000^2}{1}$$
$$=4\pi \times 10^{-2}$$

34 서로 결합하고 있는 두 코일 C_1과 C_2의 자기인덕턴스가 각각 L_{c1}, L_{c2}라고 한다. 이 둘을 직렬로 연결하여 합성 인덕턴스 값을 얻은 후 두 코일 간 상호 인덕턴스의 크기($|M|$)를 얻고자 한다. 직렬로 연결할 때, 두 코일 간 자속이 서로 가해져서 보강되는 방향의 합성 인덕턴스의 값이 L_1, 서로 상쇄되는 방향의 합성 인덕턴스의 값이 L_2일 때, 다음 중 알맞은 식은?

① $L_1 < L_2$, $|M|=\dfrac{L_2+L_1}{4}$
② $L_1 > L_2$, $|M|=\dfrac{L_1+L_2}{4}$
③ $L_1 < L_2$, $|M|=\dfrac{L_2-L_1}{4}$
④ $L_1 > L_2$, $|M|=\dfrac{L_1-L_2}{4}$

해설 Chapter 10 – **03**
인덕턴스의 직렬 접속
$L_1 = L_{c1} + L_{c2} + 2M$
$L_2 = L_{c1} + L_{c2} - 2M$
$L_1 - L_2 = 4M$
$M = \dfrac{L_1 - L_2}{4}$

정답 33 ④ 34 ④

chapter

11

전자계

CHAPTER 11 전자계

01 변위 전류 밀도

- 암페어의 주회적분 법칙 이용

$$\int H d\ell = \sum I = NI$$

$$I = \frac{\partial Q}{\partial t}$$

$$= \frac{\partial D}{\partial t} \cdot S = \int_s \frac{\partial D}{\partial t} ds$$

$$\int H d\ell = \int_s \frac{\partial D}{\partial t} ds$$

⇩ – 스토크스 정리 이용(선 ⇔ 면적)

$$\int_s rot H ds = \int_s \frac{\partial D}{\partial t} ds$$

$$rot H = \frac{\partial D}{\partial t}$$

$$= J + \frac{\partial D}{\partial t} \qquad J = i = i_c [\text{A}/\text{m}^2] \text{ : 전도 전류 밀도}$$

$$i_D = i_d [\text{A}/\text{m}^2] = \frac{\partial D}{\partial t} \text{ : 변위 전류 밀도}$$

- 변위 전류 밀도
  : 변위 전류(유전체 내에서 전속 밀도의 시간적 변화에 의해 생김)

$$i_d = \frac{\partial D}{\partial t} \Rightarrow D = \epsilon E = \epsilon \frac{V}{d}$$

$$= \frac{\partial}{\partial t} \epsilon \frac{V_m}{d} \sin wt$$

$$= w \frac{\epsilon}{d} V_m \cos wt [\text{A}/\text{m}^2]$$

$$I_d = i_d \times S$$

$$= w \frac{\epsilon s}{d} V_m \cos wt$$

$$= w C V_m \cos wt [\text{A}]$$

$$= w C V_m \sin(wt + 90) \qquad w C V_m \text{ : } C\text{만의 회로에서 최댓값}$$

02 고유(파동, 특성) 임피던스

(1) 회로 $Z_0 = \sqrt{\dfrac{Z}{Y}}$

$\qquad = \sqrt{\dfrac{R+jwL}{G+jwc}}$

$\qquad = \sqrt{\dfrac{L}{C}}\,[\Omega]$

(2) 전력 $Z_0 = \sqrt{\dfrac{L[\mathrm{mH/km}]}{C[\mu\mathrm{F/km}]}}$

$\qquad Z_0 = \sqrt{\dfrac{0.05 + 0.4605\log_{10}\dfrac{D}{r} \times 10^{-3}}{\dfrac{0.02413}{\log_{10}\dfrac{D}{r}} \times 10^{-6}}}$

$\qquad\quad = \sqrt{\dfrac{0.4605 \times 10^3}{0.02413}}\,\log_{10}\dfrac{D}{r}$

$\qquad\quad = 138\log_{10}\dfrac{D}{r}\,[\Omega]$

(3) 자기 $Z_0 = \dfrac{E}{H} = \sqrt{\dfrac{\mu_0}{\epsilon_0}} = \sqrt{\dfrac{4\pi \times 10^{-7}}{8.855 \times 10^{-12}}} = 377\,[\Omega]$

$\qquad \sqrt{\epsilon_0}\,E = \sqrt{\mu_0}\,H$

$\qquad E = \sqrt{\dfrac{\mu_0}{\epsilon_0}}\,H = 377H\,[\mathrm{V/m}]$

$\qquad H = \sqrt{\dfrac{\mu_0}{\epsilon_0}}\,E = \dfrac{1}{377}E\,[\mathrm{A/m}]$

03 전파(위상) 속도

(1) 회로

파장 $\lambda = \dfrac{2\pi}{\beta} = \dfrac{2\pi}{w\sqrt{LC}} = \dfrac{1}{2\pi f\sqrt{LC}} = \dfrac{1}{f\sqrt{LC}}\,[\mathrm{m}]$

속도 $v = \lambda f$

$$= \frac{1}{f\sqrt{LC}} \times f$$

$$= \frac{1}{\sqrt{LC}} [\text{m/s}]$$

(2) 자기

$$v = \sqrt{\frac{1}{\epsilon\mu}} = \sqrt{\frac{1}{\epsilon_0\epsilon_s\mu_0\mu_s}} \Rightarrow C = \frac{1}{\sqrt{\epsilon_0\mu_0}} = 3 \times 10^8$$

$$= \frac{3 \times 10^8}{\sqrt{\epsilon_s\mu_s}} [\text{m/s}]$$

$$= \lambda f [\text{m/s}]$$

진동시 $f = \dfrac{1}{2\pi\sqrt{LC}} [\text{Hz}]$

04 포인팅 벡터 $[\text{W/m}^2]$, $[\text{J/S} \cdot \text{m}^2]$

$$\hookrightarrow W = P \cdot t$$
$$[\text{J}] = [\text{W}][\text{S}]$$

단위 면적을 단위 시간에 통과하는 에너지

$$\vec{P} = W[\text{J/m}^3] \times v[\text{m/s}] = [\text{J/s} \cdot \text{m}^2]$$
$$= [\text{W/m}^2]$$

$$\vec{P} = \frac{1}{2}(\mu H^2 + \epsilon E^2) \times \frac{1}{\sqrt{\epsilon\mu}} \Rightarrow (\sqrt{\epsilon}E = \sqrt{\mu}H)$$

$$= \frac{1}{2}(\mu \cdot \sqrt{\frac{\epsilon}{\mu}} E \cdot H + \epsilon\sqrt{\frac{\mu}{\epsilon}} H \cdot E) \times \frac{1}{\sqrt{\epsilon\mu}}$$

$$= \frac{1}{2}(\sqrt{\epsilon\mu} EH + \sqrt{\epsilon\mu} EH) \times \frac{1}{\sqrt{\epsilon\mu}}$$

$$= EH$$

$$\vec{P} = E \times H$$
$$= EH \quad \Rightarrow (E = 377H, \ H = \frac{1}{377}E)$$
$$= 377H^2$$
$$= \frac{1}{377}E^2$$
$$= \frac{P}{S}[\text{W}/\text{m}^2], \ [\text{J}/\text{S} \cdot \text{m}^2]$$

05 전파 방정식

(1) $\int E ds = \dfrac{Q[\text{C}]}{\epsilon_0} = \dfrac{\rho[\text{c}/\text{m}^3] \times v[\text{m}^3]}{\epsilon_0} = \int_v \dfrac{\rho}{\epsilon_0} dv$

　　↓ - 가우스의 발산 정리(면적↔체적)

$\int_v div E dv = \int_v \dfrac{\rho}{\epsilon_0} dv \, (div E = \nabla \cdot E)$

$div \epsilon_0 E = \rho$

$div D = \rho [\text{c}/\text{m}^3]$

(2) 자계에서는 N, S가 단독으로 존재하지 못하므로, 즉 고립된 자극이 존재하지 않으므로 자계의 발산은 없다.
$div B = 0$

(3) 패러데이의 전자 유도 법칙 이용
$e = \int E d\ell = -N \dfrac{d\phi}{dt}$

$\int E d\ell = -\dfrac{\partial \phi}{\partial t} \Rightarrow (\partial \phi = \partial B \cdot s)$

　　↓ - 스토크스 정리(선 ↔ 면적)

$$\int_s rotE\,ds = -\frac{\partial B}{\partial t}\cdot S$$
$$= \int -\frac{\partial B}{\partial t}ds$$
$$rotE = -\frac{\partial B}{\partial t}\,(rotE = \nabla \times E)$$

(4) 암페어의 주회적분 법칙 이용

$$rotH = J + \frac{\partial D}{\partial t} \quad J : \text{전도 전류 밀도} \quad \frac{\partial D}{\partial t} : \text{변위 전류 밀도}$$

(5) 자계는 일반적으로 비보존성이므로 그 회전은 0이 아니다.

$$B = rotA$$
$$= \nabla \times A$$
$$= \begin{vmatrix} i & j & k \\ \frac{\partial}{\partial x} & \frac{\partial}{\partial y} & \frac{\partial}{\partial z} \\ Ax & Ay & Az \end{vmatrix}$$

11 CHAPTER 출제예상문제

01 유전체에서 변위 전류를 발생하는 것은?

① 분극 전하 밀도의 시간적 변화
② 전속 밀도의 시간적 변화
③ 자속 밀도의 시간적 변화
④ 분극 전하 밀도의 공간적 변화

해설 Chapter – 11 – **01**
변위 전류(I_d)

$$I_d = \frac{\partial D}{\partial t} \cdot S$$

변위 전류는 전속 밀도의 시간적 변화

02 자유 공간에 있어서 변위 전류가 만드는 것은?

① 전계 ② 전속 ③ 자계 ④ 자속

해설 Chapter – 11 – **05**

$\mathrm{rot}\, H = J + \frac{\partial D}{\partial t}$ 이므로

전속 밀도의 시간적 변화(변위 전류 밀도)에 의해 자계 발생

03 맥스웰은 전극 간의 유전체를 통하여 흐르는 전류를 (ㄱ) 전류라 하고 이것도 (ㄴ)를 발생한다고 가정하였다. ( ) 안에 알맞은 것은?

① ㄱ – 전도
　ㄴ – 자계
② ㄱ – 변위
　ㄴ – 자계
③ ㄱ – 전도
　ㄴ – 전계
④ ㄱ – 변위
　ㄴ – 전계

해설 Chapter – 11 – **05**

$\mathrm{rot}\, H = J + \frac{\partial D}{\partial t}$ 에서

전속 밀도의 시간적 변화(변위 전류 밀도)에 의해 자계 발생

정답 01 ②　02 ③　03 ②

04 변위 전류 밀도를 나타내는 식은? (단, D는 전속 밀도, B는 자속 밀도, ϕ는 자속, $N\phi$는 자속쇄교수이다.)

① $\dfrac{\partial \phi}{\partial t}$ 　　　　② $\dfrac{\partial D}{\partial t}$

③ $\dfrac{\partial B}{\partial t}$ 　　　　④ $\dfrac{\partial (N\phi)}{\partial t}$

해설 Chapter – 11 – **01**

$i_d = \dfrac{\partial D}{\partial t}$

05 간격 $d[m]$인 두 개의 평행판 전극 사이에 유전율 ϵ의 유전체가 있을 때 전극 사이에 전압 $v = V_m \sin\omega t$를 가하면 변위 전류 밀도[A/m²]는?

① $\dfrac{\epsilon}{d} V_m \cos\omega t$ 　　　　② $\dfrac{\epsilon}{d} \omega V_m \cos\omega t$

③ $\dfrac{\epsilon}{d} \omega V_m \sin\omega t$ 　　　　④ $-\dfrac{\epsilon}{d} V_m \cos\omega t$

해설 Chapter – 11 – **01**

변위 전류 밀도 (i_d)

$i_d = \dfrac{\partial D}{\partial t}$

$\quad = \dfrac{\partial \epsilon E}{\partial} \quad (E = \dfrac{V}{d})$

$\quad = \dfrac{\partial}{\partial t} \epsilon \cdot \dfrac{V}{d} \quad (V = V_m \sin\omega t)$

$\quad = \dfrac{\epsilon}{d} \dfrac{\partial}{\partial t} V_m \sin\omega t$

$\quad = \omega \dfrac{\epsilon}{d} V_m \cos\omega t [A/m^2]$

정답 04 ② 05 ②

06 간격 d[m]인 두 개의 평행판 전극 사이에 유전율 ϵ의 유전체가 있다. 전극 사이에 전압 $V_m \cos\omega t$를 가하면 변위 전류 밀도[A/m²]는?

① $\dfrac{\epsilon}{d} V_m \cos\omega t$ ② $-\dfrac{\epsilon}{d}\omega V_m \cdot \sin\omega t$ ③ $\dfrac{\epsilon}{d}\omega V_m \cos\omega t$ ④ $\dfrac{\epsilon}{d} V_m \cdot \sin\omega t$

해설 Chapter – 11 – **01**
변위 전류 밀도 (i_d)
$$i_d = \frac{\partial D}{\partial t}$$
$$= \frac{\partial \epsilon E}{\partial t}\left(E = \frac{V}{d}\right)$$
$$= \frac{\partial \epsilon}{\partial t}\frac{V}{d}(V = V_m\cos\omega t)$$
$$= \frac{\epsilon}{d}\frac{\partial}{\partial t}V_m\cos\omega t$$
$$= -\omega\frac{\epsilon}{d}V_m\sin\omega t\,[\text{A/m}^2]$$

07 자유 공간의 고유 임피던스는? (단, ϵ_0는 유전율, μ_0는 투자율이다.)

① $\sqrt{\dfrac{\epsilon_0}{\mu_0}}$ ② $\sqrt{\dfrac{\mu_0}{\epsilon_0}}$ ③ $\sqrt{\epsilon_0\mu_0}$ ④ $\sqrt{\dfrac{1}{\epsilon_0\mu_0}}$

해설 Chapter – 11 – **02**
자유 공간에서 특성(고유) 임피턴스(Z_0)
$Z_0 = \sqrt{\dfrac{\mu_0}{\epsilon_0}}$ (자유 공간은 진공을 의미)

08 자유 공간의 고유 임피던스 $\sqrt{\dfrac{\mu_0}{\epsilon_0}}$ 의 값은 몇 [Ω]인가?

① 10π ② 80π ③ 100π ④ 120π

해설 Chapter – 11 – **02**
자유 공간에서 특성(고유) 임피던스 $Z_0 = \sqrt{\dfrac{\mu_0}{\epsilon_0}} = 377 = 120\pi$

정답 06 ② 07 ② 08 ④

09 비유전율 $\epsilon_s = 9$, 비투자율 $\mu_s = 1$인 공간에서의 특성 임피던스는 몇 [Ω]인가?

① 40π [Ω] ② 100π [Ω]
③ 120π [Ω] ④ 150π [Ω]

해설 Chapter – 11 – **02**
$$Z_0 = \sqrt{\frac{\mu_0 \mu_s}{\epsilon_0 \epsilon_s}} = 120\pi \times \sqrt{\frac{1}{9}} = 40\pi$$

10 전계 $E = \sqrt{2}\, E_e \sin\omega\left(t - \frac{z}{V}\right)$ [V/m]의 평면 전자파가 있다. 진공 중에서의 자계의 실효값 [AT/m]은?

① $2.65 \times 10^{-1} E_e$ ② $2.65 \times 10^{-2} E_e$
③ $2.65 \times 10^{-3} E_e$ ④ $2.65 \times 10^{-4} E_e$

해설 Chapter – 11 – **02**
$$H_e = \frac{1}{377} E_e = 2.65 \times 10^{-3} E_e$$

11 유전율 ϵ, 투자율 μ의 공간을 전파하는 전자파의 전파 속도 v는?

① $v = \sqrt{\epsilon\mu}$ ② $v = \sqrt{\frac{\epsilon}{\mu}}$
③ $v = \sqrt{\frac{\mu}{\epsilon}}$ ④ $v = \frac{1}{\sqrt{\epsilon\mu}}$

해설 Chapter – 11 – **03**
전파 속도$(v) = \dfrac{1}{\sqrt{\epsilon\mu}}$ [m/s]

12 비유전율 4, 비투자율 1인 공간에서 전자파의 전파 속도는 몇 [m/sec]인가?

① 0.5×10^8 ② 1.0×10^8 ③ 1.5×10^8 ④ 2.0×10^8

해설 Chapter – 11 – **03**
$$v = \frac{3 \times 10^8}{\sqrt{\epsilon_s \mu_s}} = \frac{3 \times 10^8}{\sqrt{4 \times 1}} = 1.5 \times 10^8$$

정답 09 ① 10 ③ 11 ④ 12 ③

13 비유전율 4, 비투자율 4인 매질 내에서의 전자파의 전파 속도는 자유 공간에서의 빛의 속도의 몇 배인가?

① $\frac{1}{3}$ ② $\frac{1}{4}$ ③ $\frac{1}{9}$ ④ $\frac{1}{16}$

해설 Chapter − 11 − **03**

전자파의 전파 속도 : $v = \frac{1}{\sqrt{\epsilon\mu}} = \frac{3 \times 10^8}{\sqrt{\epsilon_s \cdot \mu_s}}$ [m/sec]

자유 공간에서 속도 : $v_0 = \frac{3 \times 10^8}{\sqrt{1 \times 1}} = 3 \times 10^8$ [m/s]

매질 내에서 속도 : $v = \frac{3 \times 10^8}{\sqrt{4 \times 4}} = \frac{3}{4} \times 10^8$ [m/s]

∴ $\frac{v}{v_0} = \frac{1}{4}$ 배

14 전계 E[V/m], 자계 H[AT/m]의 전자계가 평면파를 이루고, 자유 공간으로 전파될 때 단위 시간에 단위 면적당 에너지[w/m²]는?

① $\frac{1}{2}EH$ ② $\frac{1}{2}EH^2$ ③ EH^2 ④ EH

해설 Chapter − 11 − **04**

포인팅 벡터 P[w/m²]

$\vec{P} = E \times H$
$= EH$
$= 377H^2$
$= \frac{1}{377}E^2 = \frac{P}{S}$ [w/m²]

15 자계 실효값이 1[mA/m]인 평면 전자파가 공기 중에서 이에 수직되는 수직 단면적 10[m²]를 통과하는 전력[W]은?

① 3.77×10^{-3} ② 3.77×10^{-4} ③ 3.77×10^{-5} ④ 3.77×10^{-6}

해설 Chapter − 11 − **04**

포인팅 벡터
$\vec{P} = 377H^2 = \frac{P}{S}$ 이용

$P = 377H^2 \times S = 377 \times (10^{-3})^2 \times 10 = 377 \times 10^{-5} = 3.77 \times 10^{-3}$

정답 13 ② 14 ④ 15 ①

16 자유 공간에 있어서 포인팅 벡터를 $S[\text{W/m}^2]$라 할 때 전장의 세기의 실효값 $E_e[\text{V/m}]$를 구하면?

① $S\sqrt{\dfrac{\mu_0}{\epsilon_0}}$
② $S\sqrt{\dfrac{\epsilon_0}{\mu_0}}$

③ $\sqrt{S\sqrt{\dfrac{\mu_0}{\epsilon_0}}}$
④ $\sqrt{S\sqrt{\dfrac{\epsilon_0}{\mu_0}}}$

해설 Chapter - 11 - **04**

포인팅 벡터

$\vec{P} = S = E \times H = E \cdot H \;(\sqrt{\epsilon} \cdot E = \sqrt{\mu} \cdot H)$

$\quad = E \cdot \sqrt{\dfrac{\epsilon_0}{\mu_0}} \cdot E$

$\quad = \sqrt{\dfrac{\epsilon_0}{\mu_0}} \cdot E^2$ 에서 $\quad S = \sqrt{\dfrac{\epsilon_0}{\mu_0}} \times E_e^2$

$E_e = \sqrt{S \cdot \sqrt{\dfrac{\mu_0}{\epsilon_0}}}$

17 지구는 태양으로부터 $P[\text{W/m}^2]$의 방사열을 받고 있다. 지구 표면에서의 전계의 세기는 몇 $[\text{V/m}]$인가?

① $377P$
② $\dfrac{P}{377}$

③ $\sqrt{\dfrac{P}{377}}$
④ $\sqrt{377P}$

해설 Chapter - 11 - **04**

포인팅 벡터 $\vec{P} = P = E \times H$

$\qquad\qquad\quad = E \cdot H = 377 H^2$

$\qquad\qquad\quad = \dfrac{1}{377} E^2$ 에서

$P = \dfrac{1}{377} E^2$

$\therefore E = \sqrt{377P}$

정답 16 ③ 17 ④

18 공간 도체 내에서 자속이 시간적으로 변할 때 성립되는 식은 다음 중 어느 것인가?
(단, E는 전계, H는 자계, B는 자속이다.)

① $\text{rot}\, E = \dfrac{\partial H}{\partial t}$ ② $\text{rot}\, E = -\dfrac{\partial B}{\partial t}$ ③ $\text{div}\, E = \dfrac{\partial B}{\partial t}$ ④ $\text{div}\, E = -\dfrac{\partial H}{\partial t}$

해설 Chapter − 11 − **05**

$V = -\dfrac{\partial \phi}{\partial t} = -\int \dfrac{\partial B}{\partial t} ds$ (패러데이의 전자유도 법칙)

$V = E \cdot \ell = \int E d\ell$

$\int E d\ell = -\int \dfrac{\partial B}{\partial t} ds$ 스토크스 정리

$\left(\int E d\ell = \int \text{rot}\, E ds \right)$

$\int \text{rot}\, E ds = -\int \dfrac{\partial B}{\partial t} ds$

$\therefore \text{rot}\, E = -\dfrac{\partial B}{\partial t}$

19 다음 중 미분 방정식 형태로 나타낸 맥스웰의 전자계 기초 방정식은?

① $\text{rot}\, E = -\dfrac{\partial B}{\partial t}$, $\text{rot}\, H = i + \dfrac{\partial D}{\partial t}$, $\text{div}\, D = 0$, $\text{div}\, B = 0$

② $\text{rot}\, E = -\dfrac{\partial B}{\partial t}$, $\text{rot}\, H = i + \dfrac{\partial B}{\partial t}$, $\text{div}\, D = \rho$, $\text{div}\, B = H$

③ $\text{rot}\, E = -\dfrac{\partial B}{\partial t}$, $\text{rot}\, H = i + \dfrac{\partial D}{\partial t}$, $\text{div}\, D = \rho$, $\text{div}\, B = 0$

④ $\text{rot}\, E = -\dfrac{\partial B}{\partial t}$, $\text{rot}\, H = i$, $\text{div}\, D = 0$, $\text{div}\, B = 0$

해설 Chapter − 11 − **05**
전자파 방정식
① $\text{div}\, D = \rho \,[\text{C/m}^3]$
② $\text{div}\, B = 0$
③ $\text{rot}\, E = -\dfrac{\partial B}{\partial t}$
④ $\text{rot}\, H = J + \dfrac{\partial D}{\partial t} \mapsto (i = i_c = J\,[\text{A/m}^2]$: 전도 전류 밀도, $i_D = i_d = \dfrac{\partial D}{\partial t}\,[\text{A/m}^2]$: 변위 전류 밀도)
⑤ $B = \text{rot}\, A$

정답 18 ② 19 ③

20 패러데이-노이만 전자 유도 법칙에 의하여 일반화된 맥스웰의 전자 방식의 형은?

① $\nabla \times H = i_c + \frac{\partial D}{\partial t}$ ② $\nabla \cdot B = 0$

③ $\nabla \times E = -\frac{\partial B}{\partial t}$ ④ $\nabla \cdot D = \rho$

해설 Chapter - 11 - **05**

$V = -\frac{\partial \phi}{\partial t} = -\int \frac{\partial B}{\partial t} ds$ (패러데이의 전자 유도 법칙)

$V = E \cdot \ell = \int E d\ell$

$\int E d\ell = -\int \frac{\partial B}{\partial t} ds$ 　스토크스 정리

$$\left(\int E d\ell = \int rot E ds \right)$$

$\int rot E ds = -\int \frac{\partial B}{\partial t} ds$

$\therefore rot E = -\frac{\partial B}{\partial t}$

21 다음 중 전자계에 대한 맥스웰의 기본 이론이 아닌 것은?

① 자계의 시간적 변화에 따라 전계의 회전이 생긴다.
② 전도 전류와 변위 전류는 자계를 발생시킨다.
③ 고립된 자극이 존재한다.
④ 전하에서 전속선이 발산된다.

해설 Chapter - 11 - **05**

① 자계의 시간적 변화에 따라 전계의 회전이 발생한다.
　　$rot E = -\frac{\partial B}{\partial t} = -\frac{\mu \partial H}{\partial t}$

② 전도 전류와 변위 전류는 자계를 발생한다.
　　$rot H = J + \frac{\partial D}{\partial t}$ (J : 전도 전류 밀도, $\frac{\partial D}{\partial t}$: 변위 전류 밀도)

③ 고립된 자극이 존재하지 않으므로 자계의 발산은 없다. $div B = 0$
④ 전하에서 전속선이 발산된다. $div D = \rho$

정답 20 ③　21 ③

22 전자계에 대한 맥스웰의 기본이론이 아닌 것은?

① 자계의 시간적 변화에 따라 전계의 회전이 생긴다.
② 전도 전류는 자계를 발생시키지만, 변위 전류는 자계를 발생시키지 않는다.
③ 자극은 N-S극이 항상 공존한다.
④ 전하에서는 전속선이 발산된다.

해설 Chapter - 11 - 05

$\operatorname{rot} H = J + \dfrac{\partial D}{\partial t}$

전도 전류와 변위 전류는 자계를 발생시킨다.

23 전자파의 진행 방향은?

① 전계 E의 방향과 같다.
② 자계 H의 방향과 같다.
③ $E \times H$의 방향과 같다.
④ $H \times E$의 방향과 같다.

해설 Chapter - 11 - 04

24 수평 전파는?

① 대지에 대해서 전계가 수직면에 있는 전자파
② 대지에 대해서 전계가 수평면에 있는 전자파
③ 대지에 대해서 자계가 수직면에 있는 전자파
④ 대지에 대해서 자계가 수평면에 있는 전자파

25 공기 중에서 전자기파의 파장이 3[m]라면 그 주파수는 몇 [MHz]인가?

① 100
② 300
③ 1,000
④ 3,000

해설 Chapter 11 - 03

주파수 f

$f = \dfrac{v}{\lambda} = \dfrac{3 \times 10^8}{3} \times 10^{-6} = 100 [\text{MHz}]$ (공기 중으로 속도는 $3 \times 10^8 [\text{m/s}]$가 된다.)

정답 22 ② 23 ③ 24 ② 25 ①

26 방송국 안테나 출력이 W[W]이고 이로부터 진공 중에 r[m]떨어진 점에서 자계의 세기의 실효치는 약 몇 [A/m]인가?

① $\dfrac{1}{r}\sqrt{\dfrac{W}{377\pi}}$
② $\dfrac{1}{2r}\sqrt{\dfrac{W}{377\pi}}$
③ $\dfrac{1}{2r}\sqrt{\dfrac{W}{188\pi}}$
④ $\dfrac{1}{r}\sqrt{\dfrac{2W}{377\pi}}$

해설 Chapter 11 - **04**
포인팅벡터
$P = E \times H = EH = 377H^2 = \dfrac{W}{S} = \dfrac{W}{4\pi r^2}$ 이므로,

$\therefore H^2 = \dfrac{1}{377} \times \dfrac{W}{4\pi r^2} \rightarrow H = \sqrt{\dfrac{1}{377} \times \dfrac{W}{4\pi r^2}} = \dfrac{1}{2r}\sqrt{\dfrac{W}{377\pi}}$ [A/m]

27 비유전율 3, 비투자율 3인 매질에서 전자기파의 진행속도 v[m/s]와 진공에서의 속도 v_0 [m/s]의 관계는?

① $v = \dfrac{1}{9}v_0$
② $v = \dfrac{1}{3}v_0$
③ $v = 3v_0$
④ $v = 9v_0$

해설 Chapter 11 - **03**
전파속도
(1) 진공 중의 전파속도 $v_0 = \dfrac{1}{\sqrt{\epsilon_0 \mu_0}}$
(2) 매질의 전파속도 $v = \dfrac{1}{\sqrt{\epsilon_0 \mu_0}} \times \dfrac{1}{\sqrt{\epsilon_s \mu_s}} = v_0 \times \dfrac{1}{\sqrt{3 \times 3}} = \dfrac{1}{3}v_0$

28 자계의 벡터 포텐셜을 A라 할 때 자계의 시간적 변화에 의하여 생기는 전계의 세기 E는?

① $E = rot A$
② $rot E = A$
③ $E = -\dfrac{\partial A}{\partial t}$
④ $rot E = -\dfrac{\partial A}{\partial t}$

해설 Chapter 11 - **05**
전파방정식
$rot E = -\dfrac{\partial B}{\partial t}$ $B = rot A$
$rot E = -\dfrac{\partial}{\partial t}(rot A)$ $E = -\dfrac{\partial A}{\partial t}$

정답 26 ② 27 ② 28 ③

chapter 12

챕터요약정리

12 CHAPTER 챕터요약정리

제1절 | 벡터의 해석 요점정리

※ 스칼라 : 크기   ex. 전위 (V)
  벡터 : 크기, 방향 ex. 전계 (E)

1. 스칼라 곱

- $\vec{A} \cdot \vec{B} = |\vec{A}||\vec{B}|\cos\theta$
  $= A_x B_x + A_y B_y + A_z B_z$

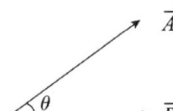

$\theta : \vec{A}$와 $\vec{B}$의 사이각

- 단위 벡터의 스칼라 곱

$i \cdot i = j \cdot j = k \cdot k$
$= |i||i|\cos 0 = 1$
$\parallel \quad \parallel \quad \parallel$
$1 \quad 1 \quad 1$

$i \cdot j = j \cdot k = k \cdot i$
$= |i||j|\cos 90 = 0$
$\parallel \quad \parallel \quad \parallel$
$1 \quad 1 \quad 0$

2. 벡터의 곱

- $\vec{A} \times \vec{B} = |\vec{A}||\vec{B}|\sin\theta$

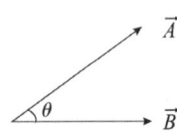

$\theta : \vec{A}$와 $\vec{B}$의 사이각

$= \begin{vmatrix} i & j & k \\ A_x & A_y & A_z \\ B_x & B_y & B_z \end{vmatrix}$

$= i(A_y B_z - A_z B_y) + j(A_z B_x - A_x B_z) + k(A_x B_y - A_y B_x)$

- 단위 벡터의 벡터곱

$i \times i = j \times j = k \times k$
$= |i||i|\sin 0 = 0$
$\parallel \quad \parallel \quad \parallel$
$1 \quad 1 \quad 0$

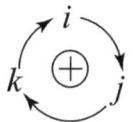 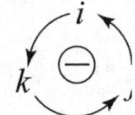

$i \times j = k \qquad j \times i = -k$
$j \times k = i \qquad k \times j = -i$
$k \times i = j \qquad i \times k = -j$

- 평행사변형 면적 $S = |\vec{A} \times \vec{B}|$
- 삼각형 면적 $S = \dfrac{1}{2}|\vec{A} \times \vec{B}|$

3. 스칼라의 기울기(전위 경도)

∇ : 미분연산자 (nabla) $\Rightarrow$

$\dfrac{\partial}{\partial x}i + \dfrac{\partial}{\partial y}j + \dfrac{\partial}{\partial z}k$

$\operatorname{grad} V = \nabla V = \left(\dfrac{\partial}{\partial x}i + \dfrac{\partial}{\partial y}j + \dfrac{\partial}{\partial z}k\right)V$

$= \dfrac{\partial V}{\partial x}i + \dfrac{\partial V}{\partial y}j + \dfrac{\partial V}{\partial z}k$

4. 벡터의 발산

- $\operatorname{div} \vec{E} = \nabla \cdot \vec{E}$
  $= \left(\dfrac{\partial}{\partial x}i + \dfrac{\partial}{\partial y}j + \dfrac{\partial}{\partial z}k\right)$
- $(E_x i + E_y j + E_z k)$
  $= \dfrac{\partial E_x}{\partial x} + \dfrac{\partial E_y}{\partial y} + \dfrac{\partial E_z}{\partial z}$

5. 벡터의 회전

- $\mathrm{rot}\vec{E} = \mathrm{curl}\vec{E} = \mathrm{cross}\vec{E} = \nabla \times \vec{E}$

$$= \begin{vmatrix} i & j & k \\ \frac{\partial}{\partial x} & \frac{\partial}{\partial y} & \frac{\partial}{\partial z} \\ Ex & Ey & Ez \end{vmatrix}$$

$$= i\left(\frac{\partial Ez}{\partial y} - \frac{\partial Ey}{\partial z}\right) + j\left(\frac{\partial Ex}{\partial z} - \frac{\partial Ez}{\partial x}\right)$$

$$+ k\left(\frac{\partial Ey}{\partial x} - \frac{\partial Ex}{\partial y}\right)$$

6. 스토크스 정리

⇒ 선 적분과 면적 적분의 변환식

$$\int Ed\ell = \int_s \mathrm{rot}\,Eds \Rightarrow (\mathrm{rot}\,E = \nabla \times E)$$

7. 가우스의 발산 정리

⇒ 면적 적분과 체적 적분의 변환식

$$\int_s Eds = \int_v \mathrm{div}\,E\,dv$$

⇒ $(\mathrm{div}\,E = \nabla \cdot E)$

제2절 진공중의 정전계 요점정리

1. 쿨롱의 법칙

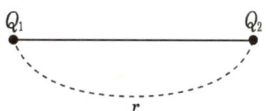

- $F(\text{힘}) = \dfrac{Q_1 Q_2}{4\pi\epsilon_0 r^2}[\mathrm{N}]$

$$= 9 \times 10^9 \times \frac{Q_1 Q_2}{r^2}[\mathrm{N}]$$

- ϵ_0 = 진공 중의 유전율

$= 8.855 \times 10^{-12}[\mathrm{F/m}]$

2. 전계의 세기(E) ⇒ 가우스 법칙으로 유도

⇒ 단위 정전하, 즉 +1[C]에 작용하는 힘

(1) 구

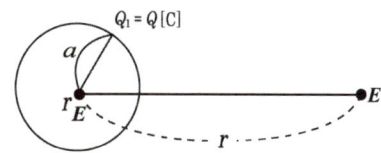

① 외부(점전하)

$$E(\text{외부전계}) = \frac{Q}{4\pi\epsilon_0 r^2}$$

$$= 9 \times 10^9 \times \frac{Q}{r^2}[\mathrm{V/m}] = \frac{F}{Q}[\mathrm{N/C}]$$

$F = QE\,[\mathrm{N}]$

② 내부(단, 전하가 내부에 균일하게 분포된 경우)

$$E(\text{내부전계}) = \frac{r \cdot Q}{4\pi\epsilon_0 a^3}[\mathrm{V/m}]$$

(2) 동축 원통(원주)

$\lambda [C/m]$: 선전하 밀도

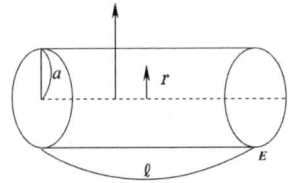

① 외부 E(무한장 직선, 선전하)

$$= \frac{\lambda}{2\pi\epsilon_0 r} [V/m]$$

$$= 18 \times 10^9 \times \frac{\lambda}{r} [V/m]$$

② 내부(단, 전하가 내부에 균일하게 분포된 경우)

$$E(내부전계) = \frac{r\lambda}{2\pi\epsilon_0 a^2}$$

③ "ps"구(점)전하, 동축 원통에서
- ⓐ 내부 E = ?
- ⓑ 대전, 평형 상태시 내부 E = ?
  (전하는 표면에만 분포)
- ⓒ 전하가 표면에 균일하게 분포된 경우
  내부 E = ?
- ⓑ ⓒ 경우 내부 E = 0

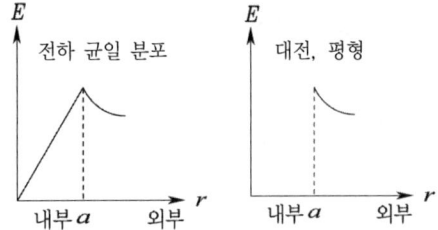

(3) 무한 평면

① $\rho [C/m^2]$(면전하 밀도)가 분포된 경우

$$E(전계) = \frac{\rho}{2\epsilon_0} [V/m]$$

② $\rho [C/m^2]$이 간격 $d[m]$로 분포된 경우

$$E(외부 전계) = \frac{\rho}{\epsilon_0} [V/m]$$

$$E(내부 전계) = 0$$

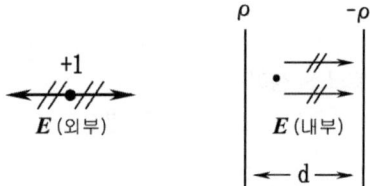

③ $\pm\rho [C/m^2]$이 간격 $d[m]$로 분포된 경우

E(외부 전계) = 0

E(내부 전계) = $\frac{\rho}{\epsilon_0}$ [V/m]

3. 전계의 벡터 표시법

$\vec{E}$(벡터) = 크기 × 단위 벡터
                    (방향)
         = ( ) i + ( ) j

(1) 구(점)전하

크기 : $\frac{Q}{4\pi\epsilon_0 r^2} = 9 \times 10^9 \times \frac{Q}{r^2}$

단위 벡터(방향)

$$\frac{벡터}{스칼라} = \frac{\vec{E}}{|\vec{E}|} = \frac{\vec{r}}{|\vec{r}|}$$

(2) 동축 원통(무한장 직선, 원주, 선전하 밀도)

크기 : $\frac{\lambda}{2\pi\epsilon_0 r} = 18 \times 10^9 \times \frac{\lambda}{r}$

단위 벡터(방향)

$$\frac{벡터}{스칼라} = \frac{\vec{E}}{|\vec{E}|} = \frac{\vec{r}}{|\vec{r}|}$$

4. 전계의 세기를 구하는 문제

(1) 중점에서 전계의 세기

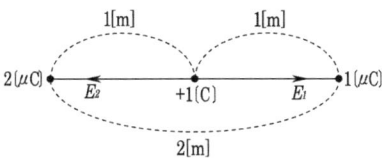

$E_1 = 9 \times 10^9 \times \dfrac{2 \times 10^{-6}}{1^2}$ $E_2 = 9 \times 10^9 \times \dfrac{10^{-6}}{1^2}$

$E = E_1 - E_2 = 9 \times 10^9 \times 10^{-6} \times (2-1)$
$\quad = 9 \times 10^3 [\text{V/m}]$

(2) 중점에서 전계의 세기

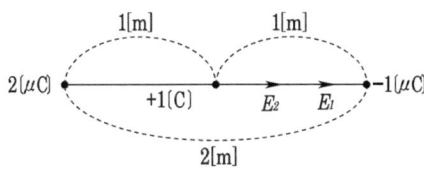

$E_1 = 9 \times 10^9 \times \dfrac{2 \times 10^{-6}}{1^2}$

$E_2 = 9 \times 10^9 \times \dfrac{10^{-6}}{1^2}$

$E = E_1 + E_2$
$\quad = 9 \times 10^9 \times 10^{-6} \times (2+1)$
$\quad = 27 \times 10^3 [\text{V/m}]$

(3) 정삼각형 P점에서의 전계의 세기

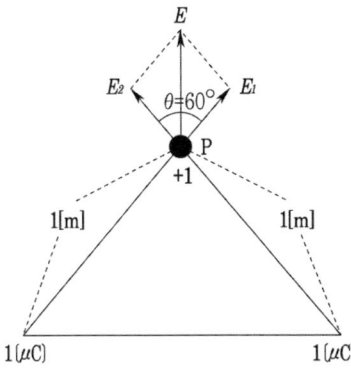

$E = \sqrt{E_1^2 + E_2^2 + 2 E_1 E_2 \cos 60}$

($E_1 = E_2$, $\cos 60 = \dfrac{1}{2}$ 이용)

$\quad = \sqrt{E_1^2 + E_1^2 + E_1^2} = \sqrt{3}\, E_1$

$\quad = \sqrt{3} \times 9 \times 10^9 \times \dfrac{10^{-6}}{1^2}$

$\quad = 9\sqrt{3} \times 10^3 [\text{V/m}]$

(4) 원점에서의 전계의 세기

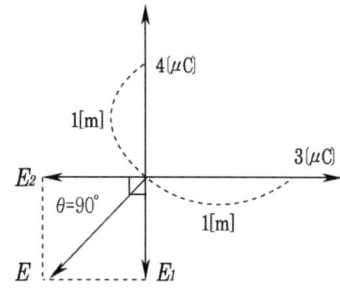

$E = \sqrt{E_1^2 + E_2^2}$
$\quad = 9 \times 10^3 \times \sqrt{4^2 + 3^2} = 45 \times 10^3 [\text{V/m}]$

$E_1 = 9 \times 10^9 \times \dfrac{4 \times 10^{-6}}{1^2}$

$E_2 = 9 \times 10^9 \times \dfrac{3 \times 10^{-6}}{1^2}$

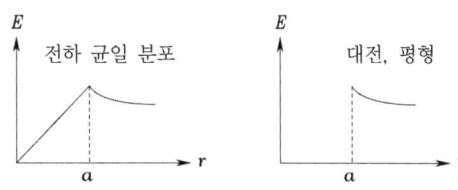

(5) 전계의 세기가 0이 되는 지점

$E = 0$

두 전하의 부호가 같은 경우 E = 0이 되는 지점은 두 전하 사이에 존재

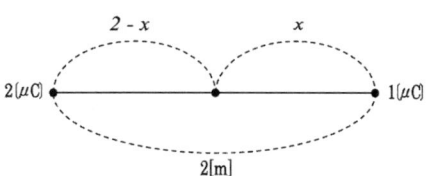

$$\frac{2\times 10^{-6}}{4\pi\epsilon_0 (2-x)^2} = \frac{10^{-6}}{4\pi\epsilon_0 x^2}$$

$$2x^2 = (2-x)^2$$

$$\sqrt{2}\,x = 2-x$$

$$(\sqrt{2}+1)\,x = 2$$

$$x = \frac{2(\sqrt{2}-1)}{(\sqrt{2}+1)(\sqrt{2}-1)} = 2(\sqrt{2}-1)\,[m]$$

(6) 전계의 세기가 0이 되는 지점

$$E = 0$$

두 전하의 부호가 다른 경우 $E=0$이 되는 지점은 두 전하 외부에서 절댓값이 작은 쪽에 존재

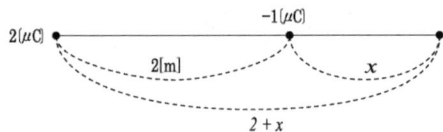

$$\frac{2\times 10^{-6}}{4\pi\epsilon_0 (2+x)^2} = \frac{10^{-6}}{4\pi\epsilon_0 x^2}$$

$$2x^2 = (2+x)^2$$

$$\sqrt{2}\,x = 2+x$$

$$(\sqrt{2}-1)\,x = 2$$

$$x = \frac{2(\sqrt{2}+1)}{(\sqrt{2}-1)(\sqrt{2}+1)} = 2(\sqrt{2}+1)\,[m]$$

5. 전기력선의 성질

(1) 전기력선의 밀도는 전계의 세기와 같다.

ex. E = 1[N/C]일 때
전기력선의 밀도[개/m²] = ?
▷ 전기력선의 밀도 = 1[개/m²]

(2) 전기력선은 정(+)전하에서 부(-)전하에 그친다.
전기력선은 불연속 (+) → (-)
전기력선은 전하가 없는 곳에서 연속

(3) 전기력선은 전위가 높은 곳에서 낮은 곳으로 향한다.

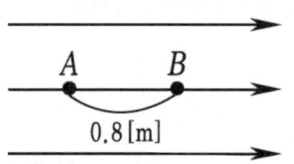

ex. $E = 50[V/m]$, $V_A = 80[V]$

$$V_B = V_A - E\cdot d$$
$$= 80 - (50\times 0.8)$$
$$= 40[V]$$

(4) 대전, 평형 상태시 전하는 표면에만 분포

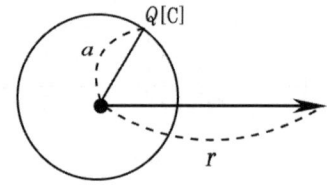

E(내부) $= 0$

도체 내부에는 전기력선이 존재하지 않는다.

$$V(\text{내부}) = \frac{Q}{4\pi\epsilon_0 a}$$

(등전위 체적)

$$E(\text{외부}) = \frac{Q}{4\pi\epsilon_0 r^2}$$

$$V(\text{외부}) = \frac{Q}{4\pi\epsilon_0 r}$$

(단, 전하가 내부에 균일하게 분포된 경우)

$$E = \frac{rQ}{4\pi\epsilon_0 a^3}$$

ex. 대전 도체의 내부 전위 = ?
① 0　　　② 표면전위
③ 대지전위　④ ∞

정답 ②

(5) 전기력선은 도체 표면에 수직
   (등전위면)

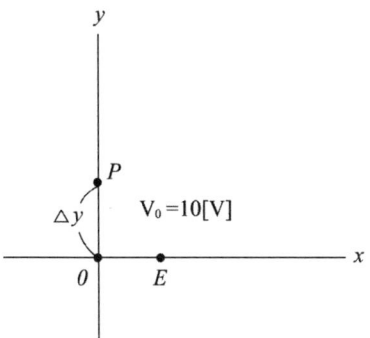

P 점 전위 = ?
P 점 전위 = 10[V]
- 전기력선은 교차하지 않는다.
- 전기력선은 폐곡면(선)을 이루지 않는다.

(6) 전하는 뾰족한 부분일수록 많이 모이려는 성질

	⌒	⌒
곡률 반경	小	大
곡률	大	小
표면전하밀도	大	小
전계	大	小

(7) 전기력선수 = $\dfrac{Q}{\epsilon_0}$

   전속수 = Q

6. 전위 V[V]

(1) 구(점)전하

$$V(\text{전위}) = -\int_{\infty}^{r} E\,dx$$

(무한 원점에 대한 임의의 점(r)의 전위)

ex. 전계 내에서 B점에 대한 A점의 전위?

$$V = -\int_{B}^{A} E\,d\ell$$

$V(\text{외부 전위}) = \dfrac{Q}{4\pi\epsilon_0 r}$ [V]

$\qquad\qquad = 9\times 10^9 \times \dfrac{Q}{r}$

$V(\text{전위}) = E\cdot r = E\cdot d = G\cdot r$[V]
(r : 반지름, d : 간격, G : 절연내력)

(2) 동축 원통 $V(\text{전위}) = \infty$
   (무한장 직선, 원주)

(3) 무한 평면 $V(\text{전위}) = \infty$
   (구간에 대해서 언급이 없을 때 즉, 임의의 점(r)의 전위)

(4) λ[C/m] 인 무한장 직선 전하로부터 r_1, r_2 [m] 떨어진 두점 사이의 전위차[V] = ?

($r_1 < r_2$)

$$V = \int_{r_1}^{r_2} E\,dx = \int_{r_1}^{r_2} \dfrac{\lambda}{2\pi\epsilon_0 x}\,dx$$

$$= \dfrac{\lambda}{2\pi\epsilon_0}[\ell_n x]_{r_1}^{r_2}$$

$$= \dfrac{\lambda}{2\pi\epsilon_0}[\ell_n r_2 - \ell_n r_1]$$

$$= \dfrac{\lambda}{2\pi\epsilon_0}\ell_n \dfrac{r_2}{r_1}\,[\text{V}]$$

7. 전기 쌍극자

(1) $V(\text{전위}) = \dfrac{M}{4\pi\epsilon_0 r^2}\cos\theta$[V]

$\qquad\qquad = 9\times 10^9 \times \dfrac{M}{r^2}\cos\theta$

(2) $E(\text{자계}) = \dfrac{M}{4\pi\epsilon_0 r^3}\sqrt{1+3\cos^2\theta}$ [V/m]

$\qquad\qquad = 9\times 10^9 \times \dfrac{M}{r^3}\sqrt{1+3\cos^2\theta}$

M(전기 쌍극자 모멘트) = $Q\cdot\delta$ [C·m]

$\theta = 0°$ 일 때 $V(\text{전위})$, $E(\text{전계})$ ⇒ 최대

$\theta = 90°$ 일 때 $\begin{cases} V(\text{전위}) = 0 \\ E(\text{전계}) = \dfrac{M}{4\pi\epsilon_0 r^3} \end{cases}$ (최소)

8. 전기 이중층

- V(전위)$= \dfrac{M}{4\pi\epsilon_0}\omega$ [V]

  입체각 w ┌ 구, 무한평면, 판에 무한히 접근 시
  $\qquad\qquad\quad\omega = 4\pi$[Sr]
  └ 평면각 $w = 2\pi(1-\cos\theta)$[Sr]
  $\qquad\qquad 2\pi(1-\cos\theta)$

9. 전위의 기울기와 전계와의 관계

(스칼라) (경도)

(전계와 크기는 같고 방향이 반대)

$$E = -\operatorname{grad} V = -\nabla V$$

$$= -\left(\dfrac{\partial V}{\partial x}i + \dfrac{\partial V}{\partial y}j + \dfrac{\partial V}{\partial z}k\right)$$

"PS" 전계 $\Rightarrow -\operatorname{grad} V$
전위 경도 $\Rightarrow \operatorname{grad} V$

10. 포아송의 방정식

$$\nabla^2 V = -\dfrac{\rho\,[c/m^3]}{\epsilon_0}$$

$$\dfrac{\partial^2 V}{\partial x^2} + \dfrac{\partial^2 V}{\partial y^2} + \dfrac{\partial^2 V}{\partial z^2} = -\dfrac{\rho}{\epsilon_0}$$

ρ [C/m³] ┌ 체적 전하 밀도
$\qquad\qquad$├ 공간 전하 밀도
$\qquad\qquad$└ 원천 전하 밀도

※ $\nabla^2 V = 0$ (라플라스 방정식)

"ps" 전속 밀도의 발산
$\operatorname{div} D = \rho$[C/m³]
$(\nabla \cdot D)$

$$\dfrac{\partial Dx}{\partial x} + \dfrac{\partial Dy}{\partial y} + \dfrac{\partial Dz}{\partial z} = \rho\,[C/m^3]$$

11. 전기력선의 방정식

$$\dfrac{dx}{Ex} = \dfrac{dy}{Ey} = \dfrac{dz}{Ez}$$

12. (전속 밀도 D)(표면 전하 밀도 ρ)

구(점)전하
$$D = \rho = \dfrac{\text{전속수}}{\text{면적}} = \dfrac{Q}{S}$$

$$= \dfrac{Q}{4\pi r^2} \times \dfrac{\epsilon_0}{\epsilon_0} = \epsilon_0 E\,[C/m^2]$$

13. 전하 이동시 에너지 ⇒ 이동시

(일) $\qquad\qquad$ = 움직이는데
$\qquad\qquad\qquad$ = 일주시키는데

$W = QV$[J]

① 등전위면, 폐곡면(선)에서 전하이동시 에너지는
   전위차(V) = 0이므로 $W = 0$

② $V = V_1$(큰 전위) $- V_2$(작은 전위)

③ $V = E \cdot r = E \cdot d = G \cdot r$[V]

14. 대전 도체 표면에 작용하는 힘

(정전응력)
단위 면적당 힘[N/m²]

$$f = \dfrac{1}{2}\epsilon_0 E^2 = \dfrac{D^2}{2\epsilon_0} = \dfrac{1}{2}ED\,[N/m^2]$$

$f \propto E^2 \propto D^2 \propto$ (표면 전하 밀도)²

* 단위 체적당 에너지[J/m³]

$$w = \dfrac{1}{2}\epsilon_0 E^2 = \dfrac{D^2}{2\epsilon_0} = \dfrac{1}{2}ED\,[J/m^3]$$

제3절 진공중의 도체계 요점정리

1. 전위 계수 $\left[\dfrac{1}{F}\right]$

(1) 도체 1의 전위
$$V_1 = P_{11}Q_1 + P_{12}Q_2 \,[\text{V}]$$

(2) 도체 2의 전위
$$V_2 = P_{21}Q_1 + P_{22}Q_2 \,[\text{V}]$$

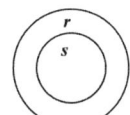

(3) 성질 $P_{rr} > 0$
$$P_{rs} = P_{sr} \geqq 0$$
$$P_{rr} \geqq P_{rs}$$
($P_{rr} = P_{rs}$ 일 때 s 가 r 에 속해 있다.)

2. 용량계수, 유도계수 [F]

(1) 도체 1의 전하량
$$Q_1 = q_{11}V_1 + q_{12}V_2 \,[\text{C}]$$

(2) 도체 2의 전하량
$$Q_2 = q_{21}V_1 + q_{22}V_2 \,[\text{C}]$$

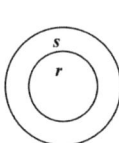

(3) 성질 q_{rr} (용량계수) > 0
$$q_{rs} = q_{sr} \,(\text{유도계수}) \leqq 0$$
$$q_{rr} \geqq -q_{rs}$$
($q_{rr} = -q_{rs}$ 일 때 r 이 s 에 속해 있다.)

ex. 용량 및 유도계수로 표현하라.

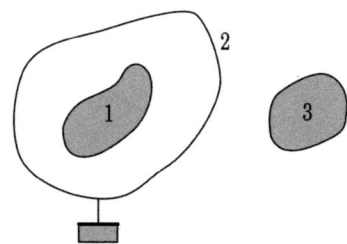

① 말로 표현 ⇒ 1이 2에 속했다.
② 전위계수로 표현 ⇒ $P_{22} = P_{21}$
③ 용량 및 유도계수로 표현
$$\Rightarrow q_{11} = -q_{12}$$
$$-q_{11} = q_{12}$$

3. 콘덴서 연결

(1) 직렬 연결

C_1, C_2, C_3 ┐ 문제에서 주어짐
V_1, V_2, V_3 ┘ (이미 알고 있는 수치)
내(전)압

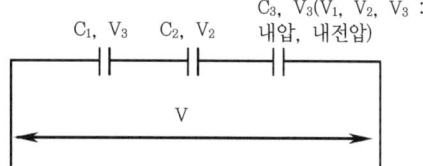

C_1, V_3 C_2, V_2 $C_3, V_3(V_1, V_2, V_3$: 내압, 내전압)

① 합성 정전 용량(콘덴서 직렬은 저항 병렬)
$$C = \dfrac{1}{\dfrac{1}{C_1} + \dfrac{1}{C_2} + \dfrac{1}{C_3}} \,[\text{F}]$$

② 최초로 파괴되는 콘덴서
⇒ Q값이 작은 것이 제일 먼저 파괴

$$Q_1 = C_1V_1, \quad Q_2 = C_2V_2, \quad Q_3 = C_3V_3$$
$Q_1 < Q_2 < Q_3$ 일 때, C_1 이 제일 먼저 파괴

③ 콘덴서 파괴 전압(V)
(가할 수 있는 최대전압, 전체 내압)
먼저 파괴되는 콘덴서 구함
$Q_1 < Q_2 < Q_3 \Rightarrow C_1$ 이 먼저 파괴

$$V_1 = \dfrac{\dfrac{1}{C_1}}{\dfrac{1}{C_1} + \dfrac{1}{C_2} + \dfrac{1}{C_3}} V$$

$$V = \dfrac{\dfrac{1}{C_1} + \dfrac{1}{C_2} + \dfrac{1}{C_3}}{\dfrac{1}{C_1}} V_1 \,[\text{V}]$$

(2) 병렬 연결

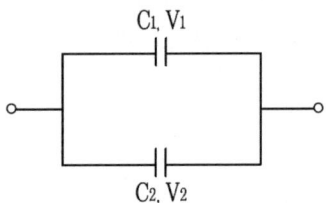

C_1 콘덴서가 V_1 전압으로 ┐
C_2 콘덴서가 V_2 전압으로 ┘ 충전

V_1, V_2 : 충전된 전압

① 합성 정전 용량(콘덴서 병렬은 저항 직렬처럼)
$$C = C_1 + C_2 [F]$$

② 병렬시 (새로운) 전압 $V[V]$
$$V = \frac{Q}{C} = \frac{C_1 V_1 + C_2 V_2}{C_1 + C_2} [V]$$

ex. 반경이 r_1, r_2 전위가 V_1, V_2로 충전한 후 가느다란 도선으로 연결시 전위
$$V = \frac{r_1 V_1 + r_2 V_2}{r_1 + r_2} [V]$$

③ 병렬시 (새로운) 전하량(V : 병렬시 전압)
$$Q_1' = C_1 V$$
$$Q_2' = C_2 V$$
(병렬시) 전하량 = 정전 용량 × (병렬시)전압

4. 정전 용량
(1) 고립도체구(구)
$$C = \frac{Q}{V} = 4\pi\epsilon_0 a [F]$$

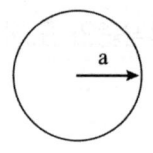

(2) 동심구
• A도체에만 $Q[C]$의 전하를 준 경우 (내구)

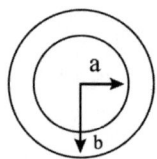

A 도체 전위
$$V_A = \frac{Q}{4\pi\epsilon_0}\left(\frac{1}{a} - \frac{1}{b} + \frac{1}{c}\right)[V]$$

• A도체 $+Q[C]$ B도체에 $-Q[C]$의 전하를 준 경우

ㄱ. 전위 $V_A = \frac{Q}{4\pi\epsilon_0}\left(\frac{1}{a} - \frac{1}{b}\right)[V]$

ㄴ. 동심구 정전 용량 $(a < b)$
$$C = \frac{Q}{V_A} = \frac{4\pi\epsilon_0}{\frac{1}{a} - \frac{1}{b}} [F]$$

(3) 동축 원통 $(a < b)$
• 단위 길이당 정전 용량
$$C = \frac{2\pi\epsilon_0}{\ln\frac{b}{a}} [F/m] \, (a < b)$$

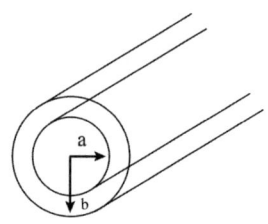

(4) 평행 도선

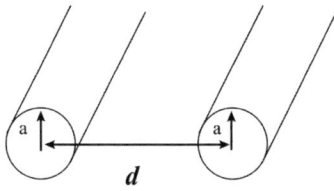

- $C = \dfrac{\pi \epsilon_0}{\ln \dfrac{d}{a}}$ [F/m]

- a : 도선의 반지름, d : 선간거리

(5) 평행판 도체 $C = \dfrac{\epsilon_0 S}{d}$ [F]
 (콘덴서)

d : 극판 간격
S : 극판 면적 ┌ 정사각형, 한변의 길이
                   │ a, $S = a^2$
                   └ 원형, 반경 a
                         $S = \pi a^2$

5. 콘덴서 축적에너지
 (도체)
콘덴서 역할 ┌ 전압 ⇒ 충전
              └ 전하 ⇒ 축적

(1) $W = \dfrac{1}{2} CV^2 = \dfrac{\epsilon_0 S}{2d} V^2$ [J]

⇒ (전압 일정시) ┌ 병렬연결
                    │ 전압을 가하고 있다
                    └ 충전하는 동안

(2) $W = \dfrac{Q^2}{2C} = \dfrac{d\,Q^2}{2\epsilon_0 S}$ [J]

⇒ (전하량 일정시) ┌ 직렬연결
                      │ 전원을 제거한 후
                      └ 충전이 끝난 후

$W = \dfrac{1}{2} QV$ [J]

$W \propto V^2 \propto Q^2$

- 정전력

(3) $F = \dfrac{\partial W}{\partial d} = -\dfrac{\epsilon_0 S}{2d^2} V^2$ [N] ⇒ (전압 일정시)

(4) $F = \dfrac{\partial W}{\partial d} = \dfrac{Q^2}{2\epsilon_0 S}$ [N] ⇒ (전하량 일정시)

(5) 콘덴서 병렬 연결시 에너지는 감소
 $W(후) < W_1 + W_2$ (전)

비누(물)방울이 합쳐질 때 에너지는 증가
 $W(후) > W_1 + W_2$ (전)

제4절 유전체 요점정리

ϵ (유전율)[F/m]=$\underline{\epsilon_0}$ (진공의 유전율)[F/m]$\times \epsilon_s$ (비유전율)
8.855×10^{-12} 진공(공기) $\epsilon_s = 1$
$\phantom{\epsilon (유전율)[F/m]=8.855\times10^{-12}}$ 유전체 $\epsilon_s > 1$

1. 분극의 세기 (분극도)

(1) ρ (자유 전하 밀도, 표면 전하 밀도, 진전하)
= D(전속 밀도)
ρ′(분극 전하 밀도) = P(분극의 세기)

(2) $P = \epsilon_0(\epsilon_s - 1) E$ [C/m²]
$P = xE$, $\{x = \epsilon_0(\epsilon_s - 1)$[F/m]$\}$: 분극률
① $= \epsilon_0 \chi_{er} E$
② $\chi_{ex} = \epsilon_s - 1$: 전기 감수율
$P = D\left(1 - \dfrac{1}{\epsilon_s}\right)$ [C/m²]

$P = \dfrac{M[\text{c} \cdot \text{m}]}{V[\text{m}^3]}$ [C/m²]

2. 경계 조건

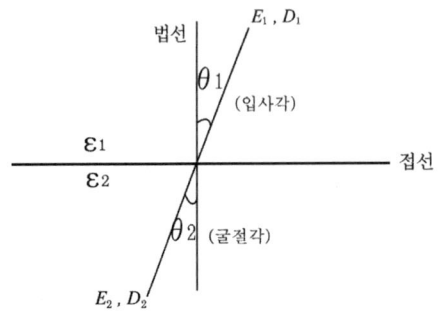

θ_1, θ_2 : 법선과 이루는 각

(1) 전속 밀도의 법선 성분은 같다.
$D_1\cos\theta_1 = D_2\cos\theta_2$

(2) 전계의 접선 성분은 같다.
$E_1\sin\theta_1 = E_2\sin\theta_2$

(3) 굴절의 법칙
$\dfrac{\tan\theta_2}{\tan\theta_1} = \dfrac{\epsilon_2}{\epsilon_1}$

(4) 경계면에서 두 점의 전위는 같다.

(5) $\epsilon_1 > \epsilon_2$ 일 때
$\theta_1 > \theta_2$
$D_1 > D_2$
$E_1 < E_2$

※ 단위 면적당 작용하는 힘
$f = \dfrac{1}{2}\epsilon E^2 = \dfrac{D^2}{2\epsilon} = \dfrac{1}{2}ED$ [N/m²]

(6) 전계가 경계면에 수직한 경우
($\epsilon_1 > \epsilon_2$), f [N/m²] = ?
($\theta_1 = \theta_2 = 0°$, $D_1 = D_2 = D$)
"ps" 전계가 경계면에 수직한 경우 전속 밀도는 불변
$f = \dfrac{1}{2}\left(\dfrac{1}{\epsilon_2} - \dfrac{1}{\epsilon_1}\right)D^2$ [N/m²]

(7) 전계가 경계면에 평행한 경우
($\epsilon_1 > \epsilon_2$), f [N/m²] = ?

($\theta_1 = \theta_2 = 90°$, $E_1 = E_2 = E$)
$f = \dfrac{1}{2}(\epsilon_1 - \epsilon_2) E^2$ [N/m²]

(8) ┌ 작용하는 힘은 유전율이 큰 쪽에서 작은 쪽으로 작용
    └ 전속(선)은 유전율이 큰 쪽으로 모이려는 성질이 있다.

3. 콘덴서 연결

(1) 직렬 연결 $C = \dfrac{\epsilon_1 \cdot \epsilon_2 \cdot S}{\epsilon_1 d_2 + \epsilon_2 d_1}$ [F]

(평행하게, 같은 면적으로 삽입)

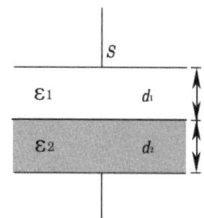 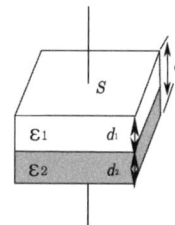

(2) 병렬 연결 $C = \dfrac{1}{d}(\epsilon_1 S_1 + \epsilon_2 S_2)$ [F]

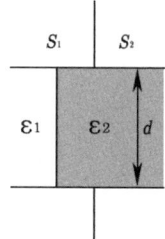 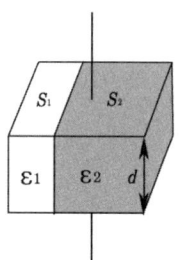

4. 전속 밀도의 발산

$\nabla^2 V = -\dfrac{\rho}{\epsilon_0}$

$\nabla \cdot \nabla V = -\dfrac{\rho}{\epsilon_0} \ \langle E = -\nabla \cdot V \rangle$

$\nabla \cdot (-E) = -\dfrac{\rho}{\epsilon_0}$

$\nabla \cdot (\epsilon_0 E) = \rho$

$\nabla \cdot D = \rho$

∴ $\operatorname{div} D = \nabla \cdot D = \rho$ [C/m³]

5. 패러데이관
(1) 패러데이관 내의 전속수는 일정하다.
(2) 패러데이관 양단에는 정, 부 단위 전하가 있다.
(3) 진 전하가 없는 점에는 패러데이관은 연속이다.
(4) 패러데이관의 밀도는 전속 밀도와 같다.

6. ϵ_s(비유전율)의 비례, 반비례 관계
(1) 비례

① C(정전 용량) = $\dfrac{\epsilon_0 \epsilon_s S}{d} \propto \epsilon_s$ 증가

② Q(전하량) = $CV \propto \epsilon_s$ 증가

(2) 반비례

① V(전압) = $\dfrac{Q}{C} \propto \dfrac{1}{\epsilon_s}$ 감소

② E(전계) = $\dfrac{D}{\epsilon_0 \epsilon_s} \propto \dfrac{1}{\epsilon_s}$ 감소

(전압 일정시 $E = \dfrac{V}{d} \Rightarrow \epsilon_s$와 무관)

제5절 전계의 특수해법 요점정리

1. 무한 평면과 점전하

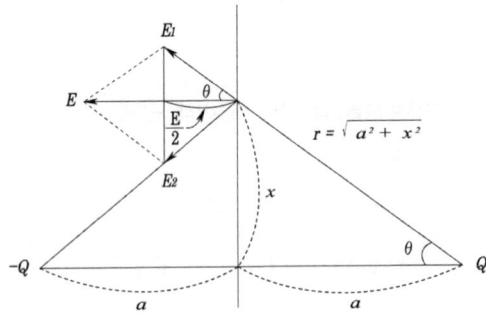

(1) 전계의 세기

$$E = \frac{Qa}{2\pi\epsilon_0(a^2+x^2)^{\frac{3}{2}}} \, [\text{V/m}]$$

(2) 표면 전하 밀도(전속 밀도)

$$\rho = D = -\epsilon_0 E$$
$$= -\frac{Qa}{2\pi(a^2+x^2)^{\frac{3}{2}}} \, [\text{C/m}^2]$$

* 표면 전하 밀도가 최대인 지점($x = 0$)

$$\rho_{\max} = D_{\max} = -\frac{Q}{2\pi a^2} \, [\text{C/m}^2]$$

(3) 작용하는 힘

$$F = \frac{-Q^2}{4\pi\epsilon_0(2a)^2} = -\frac{Q^2}{16\pi\epsilon_0 a^2} \, [\text{N}]$$

(항상 흡인력)

2. 접지 도체구와 점전하

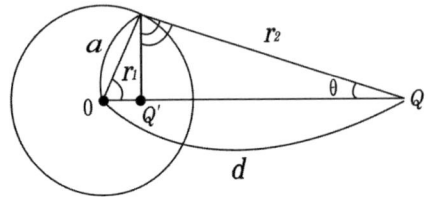

(1) 영상 전하 위치

$$\overline{OA'} = \frac{a^2}{d}$$

(2) 영상 전하

$$Q' = -\frac{a}{d}Q$$

a : 접지도체구의 반지름
b : 접지도체구의 중심으로부터 점전하(Q) 사이의 거리

(3) 작용하는 힘

$$F = \frac{QQ'}{4\pi\epsilon_0\left(\dfrac{d^2-a^2}{d}\right)^2} \text{(항상 흡인력)}$$

3. 무한 평면과 선전하

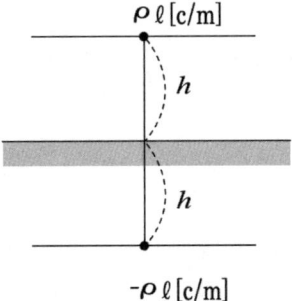

(1) P 점에서의 전계의 세기

$$E = \frac{-\rho_\ell}{2\pi\epsilon_0(2h)} = -\frac{\rho_\ell}{4\pi\epsilon_0 h} \, [\text{V/m}]$$

(2) 단위 길이당 힘

$$F = \rho_\ell E$$
$$F = \frac{-\rho_\ell^2}{4\pi\epsilon_0 h} \, [\text{N/m}]$$

제6절 전류 요점정리

1. 전류 밀도

$$i = \frac{I}{S} = \frac{I}{\pi a^2} = k\frac{V}{\ell} = kE = Qv$$
$$= nev \, [\text{A/m}^2]$$

$Q\,[\text{C/m}^3]$: 단위체적당 전하
$v\,[\text{m/s}]$: 속도
$n\,[\text{개/m}^3]$: 단위체적당 개수
$e\,[\text{C}]$: 전자의 전하량 $1.602 \times 10^{-19}[\text{C}]$
$Q = It = ne\,[\text{C}]$
(n : 개수, e : 전자의 전하량)

2. 도체의 저항과 저항 온도 계수

① $R = \rho\frac{\ell}{S} = \frac{\ell}{ks}$

$\left[\begin{array}{l}\rho : 고유저항[\Omega \cdot \text{m}] \\ k : 도전율[\mho/\text{m}][\text{s/m}]\end{array}\right.$

② $R_2 = R_1[1 + \partial_1(T_2 - T_1)]$

R_2 : 나중 저항 R_1 : 처음 저항
T_2 : 나중 온도 T_1 : 처음 온도
∂_1 : $T_1[℃]$에서 저항 온도 계수

동선인 경우 처음 온도가

$\left[\begin{array}{l} 0[℃]일 때 \Rightarrow \partial_0 = \dfrac{1}{234.5} \\ t[℃]일 때 \Rightarrow \partial_t = \dfrac{1}{234.5+t}\end{array}\right.$

3. 전기 저항과 정전 용량

$RC = \rho\epsilon$

(1) 고립도체구 : $C = 4\pi\epsilon a\,[\text{F}]$

(2) 동심구($a < b$)
$$C = \frac{4\pi\epsilon}{\dfrac{1}{a} - \dfrac{1}{b}}\,[\text{F}]$$

(3) 동축 원통($a < b$)
$$C = \frac{2\pi\epsilon}{\ln\dfrac{b}{a}}\,[\text{F/m}]$$

(4) 평행 도선 $C = \dfrac{\pi\epsilon}{\ln\dfrac{d}{a}}\,[\text{F/m}]$

4. 열량

$Q = mc\triangle T = 0.24pt\eta\,[\text{cal}]$
$Q\,[\text{cal}]$: 열량, $m\,[\text{g}]$: 질량
$\triangle T$: 온도차, $P\,[\text{W}]$: 전력
$t\,[\text{sec}]$: 시간, η : 효율
c : 비열(물 $c = 1$)

5. 열전현상

(1) 톰슨 효과
동일한 금속도체에 두 점 간에 온도차를 주고 전류를 흘리면 열의 발생 또는 흡수가 생기는 현상

(2) 펠티어 효과
두 종류의 금속으로 폐회로를 만들어 전류를 흘리면 양 접속점에서 열이 흡수되거나 발생하는 현상

(3) 제어백 효과
두 종류의 금속을 접속하여 폐회로를 만들어 금속 접속면에 온도차가 생기면 열기전력이 발생하는 효과

제7절 진공중의 정자계 요점정리

1. 쿨롱의 법칙 m_1, m_2 : 자하량[Wb]

$$F(\text{힘}) = \frac{m_1 m_2}{4\pi \mu_0 r^2} [N]$$

$$= 6.33 \times 10^4 \times \frac{m_1 m_2}{r^2}$$

μ_0(진공의 투자율) $= 4\pi \times 10^{-7}$ [H/m]

> ※ 비교
> * 정전계
> Q_1, Q_2 : 전하량[Wb]
> $$F = \frac{Q_1 Q_2}{4\pi \epsilon_0 r^2} [N]$$
> $$= 9 \times 10^9 \times \frac{Q_1 Q_2}{r^2}$$
> ϵ_0 (진공의 유전율)
> $= 8.855 \times 10^{-12}$ [F/m]

2. 자계의 세기

(1) 구(점)자하

$$H(\text{자계}) = \frac{m}{4\pi \mu_0 r^2} [\text{AT/m}], [\text{A/m}]$$

$$H(\text{자계}) = \frac{F}{m} [\text{N/Wb}]$$

$$F = mH [N]$$

> ※ 비교
> * 전계의 세기
>   1) 구(점)전하
> $$E(\text{전계}) = \frac{Q}{4\pi \epsilon_0 r^2} [\text{V/m}]$$
> $$E = \frac{F}{Q} [\text{N/C}]$$
> $$F = QE [N]$$

(2) 동축 원통(원주)
 ① 외부(무한장 직선 전류)
$$H(\text{외부자계}) = \frac{I}{2\pi r} [\text{AT/m}]$$

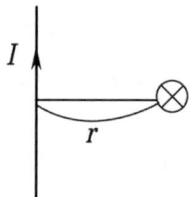

> ※ 비교
> * 전계의 세기
>   2) 동축 원통(무한장 직선, 원주, 선전하 밀도)
>   ① $E(\text{외부전계}) = \frac{\lambda}{2\pi \epsilon_0 r}$ [V/m]
>   ② (단, 전류가 내부에 균일하게 분포된 경우)
> $E(\text{내부전계}) = \frac{r\lambda}{2\pi \epsilon_0 a^2}$ [V/m]

② 내부(단, 전류가 내부에 균일하게 분포된 경우)
$$H(\text{내부자계}) = \frac{rI}{2\pi a^2} [\text{AT/m}]$$

※ 전류가 표면으로만 흐를 때 내부자계의 세기
 ⇒ H(내부) = 0

(3) 유한장 직선

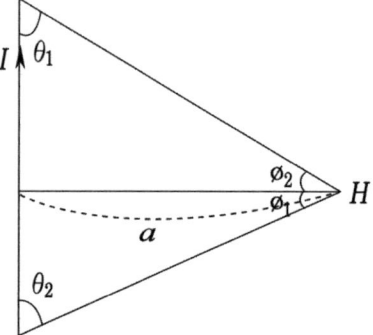

$$H = \frac{I}{4\pi a}(\cos\theta_1 + \cos\theta_2)\,[\text{AT/m}]$$

$$H = \frac{I}{4\pi a}(\sin\phi_1 + \sin\phi_2)$$

(4) 반지름이 a인 원형 코일에 전류 I가 흐를 때 원형 코일 중심에서 x만큼 떨어진 지점

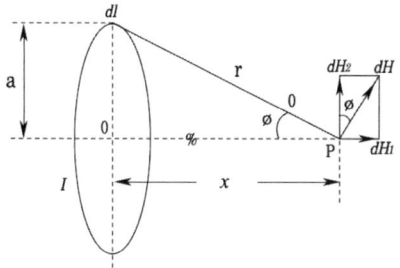

$$H(\text{자계}) = \frac{a^2 NI}{2(a^2 + x^2)^{\frac{3}{2}}}\,[\text{AT/m}]$$

원형 코일 중심($x=0$)

$$H(\text{원형 코일 중심 자계}) = \frac{NI}{2a}$$

- a : 원형 코일의 반지름
- N : 원형 코일의 권수
- I : 원형 코일에 흐르는 전류

(5) 환상의 솔레노이드

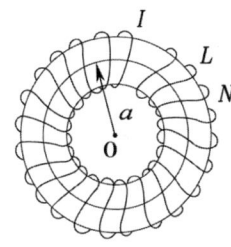

$$H(\text{내부 자계}) = \frac{NI}{2\pi a}\,[\text{AT/m}]$$

$$H(\text{외부자계})(\text{중심}) = 0$$

(6) 무한장 솔레노이드

$$H(\text{내부자계}) = \frac{NI}{\ell}\,[\text{AT/m}] = nI\,[\text{AT/m}]$$

$H(\text{외부자계}) = 0$
$N(\text{권수})[\text{회}][\text{T}]$
$n(\text{단위 길이당 권수})[\text{회/m}],\,[\text{T/m}]$

(7) 자계의 세기를 구하는 문제

① 정삼각형 중심

$$H = \frac{9I}{2\pi\ell}\,[\text{AT/m}]$$

② 정사각형 (정방형) 중심

$$H = \frac{2\sqrt{2}\,I}{\pi\ell}\,[\text{AT/m}]$$

③ 정육각형 중심

$$H = \frac{\sqrt{3}\,I}{\pi\ell}\,[\text{AT/m}]$$

④ 반지름이 R인 원에 내접하는 정 n각형 중심

$$H = \frac{nI}{2\pi R}\tan\frac{\pi}{n}$$

ℓ : 한 변의 길이
R : 반지름

3. 자위(구, 점자하)

$$U(\text{자위}) = \frac{m}{4\pi\mu_0 r}\,[\text{AT}],\,[\text{A}]$$

$$= 6.33\times 10^4 \times \frac{m}{r}$$

> ※ 비교
> * 전위 $V = \dfrac{Q}{4\pi\epsilon_0 r}\,[\text{V}]$

4. 자기 쌍극자(막대자석)

$$U(\text{자위}) = \frac{M}{4\pi\mu_0 r^2}\cos\theta\,[\text{AT}]$$

$$= 6.33\times 10^4 \times \frac{M}{r^2}\cos\theta$$

$$H(\text{자계}) = \frac{M}{4\pi\mu_0 r^3}\sqrt{1+3\cos^2\theta}\ [\text{AT/m}]$$

$$= 6.33 \times 10^4 \times \frac{M}{r^3}\sqrt{1+3\cos^2\theta}$$

M(자기 쌍극자 모멘트) $= m\ell$ [Wb·m]

$\theta = 0$일 때 U(자위), H(자계) $\Rightarrow$ 최대

$\theta = 90$일 때
$$\begin{cases} U(\text{자위}) = 0 \\ H(\text{자계}) = \dfrac{M}{4\pi\mu_0 r^3}\ (\text{최소}) \end{cases}$$

※ 비교
* 전기 쌍극자

$$V = \frac{M}{4\pi\epsilon_0 r^2}\cos\theta\ [\text{V}]$$

$$E = \frac{M}{4\pi\epsilon_0 r^3}\sqrt{1+3\cos^2\theta}\ [\text{V/m}]$$

M (전기 쌍극자 모멘트) $= Q\cdot\delta$ [C·m]

$\theta = 0$일 때
V(전위), E(전계) $\Rightarrow$ 최대

$\theta = 90$일 때
V(전위) $= 0$
E(전계) $= \dfrac{M}{4\pi\epsilon_0 r^3}$ (최소)

5. 자기 이중층(판자석)

$$U(\text{자위}) = \frac{M}{4\pi\mu_0}\omega\ [\text{AT}]$$

w(입체각)[Sr] $\begin{cases} \text{구}\ w = 4\pi\ [\text{Sr}] \\ \text{판에 무한히 접근}\ w = 4\pi\ [\text{Sr}] \\ \text{평면각}\ w = 2\pi(1-\cos\theta)\ [\text{Sr}] \end{cases}$

판자석의 세기 = 판자석의 표면 밀도 × 두께
$= \sigma \times \delta$

※ 비교
* 전기 이중층

$$V(\text{전위}) = \frac{M}{4\pi\epsilon_0}\omega\ [\text{V}]$$

ω (입체각) $\begin{cases} \text{무한히 접근시}\ 4\pi \\ 2\pi(1-\cos\theta) \end{cases}$

6. 자속 밀도 B [Wb/m²]

B(자속 밀도) $= \mu_0 H$ [Wb/m²]

※ 비교
* 전속 밀도 D[C/m²]

$$D(\text{전속 밀도}) = \frac{Q}{S}$$

$$= \frac{Q}{4\pi r^2} \times \frac{\epsilon_0}{\epsilon_0}$$

$$= \epsilon_0 E\ [\text{C/m}^2]$$

7. 자기력선 수 $= \dfrac{m}{\mu_0}$

※ 비교
* 전기력선 수 $= \dfrac{Q}{\epsilon_0}$

8. 회전력

(1) 막대자석의 회전력
$T = M \times H$
$= MH\sin\theta$
$= m\ell H\sin\theta$ [N·m]
∵ $\theta \Rightarrow$ 막대자석과 자계가 이루는 각

(2) 평면 코일의 회전력
$T = NBSI\cos\theta$ [N·m]

9. 작용하는 힘

(1) 플레밍의 왼손 법칙
직선 도체에 작용하는 힘
$F = (I \times B)\ell$ [N]
$= IB\ell\sin\theta$
$= I \times B\ell$

θ : 전류(I)와 자속 밀도(B)가 이루는 각도

(2) 평행 도선 간에 작용하는 힘

$$F = \frac{\mu_0 I_1 I_2}{2\pi r} \text{[N/m]}$$
$$\begin{bmatrix} \text{단위길이당 힘} \\ 1\text{[m]당 작용하는 힘} \end{bmatrix}$$
$$= \frac{2 I_1 I_2}{r} \times 10^{-7} \text{[N/m]}$$

전류 동일(같은) 방향 : 흡입력
전류 반대(왕복) 방향 : 반발력

(3) 자계 내에서 전하입자에 작용하는 힘(로렌츠 힘)

$$F = q(v \times B) \text{[N]}$$
$$= qvB\sin\theta \text{[N]}$$
$$= v \times qB$$

∵ θ : v(속도)와 B(자속 밀도)가 이루는 각

※ 전계와 자계 동시에 존재시
$$F = q\{E + (v \times B)\} \text{[N]}$$

(4) 유도 기전력
- 플레밍의 오른손 법칙(발전기)

$$e = (v \times B)\ell = vB\ell\sin\theta \text{[V]}$$
$$= v \times B\ell \text{[V]}$$

∵ θ : v(속도)와 B(자속 밀도)가 이루는 각

(5) 자계 내에 수직으로 돌입한 전자는 원운동을 한다.

$$evB\sin 90° = \frac{mv^2}{r} \text{에서}$$
$$r = \frac{mv}{eB}$$
$$w = \frac{v}{r} = \frac{eB}{m} \quad \left(w = 2\pi f = \frac{2\pi}{T}\right)$$
$$T = \frac{2\pi m}{eB}$$

제8절 │ 자성체와 자기회로 요점정리

상수
μ(투자율)[H/m] $= \mu_0$(진공의 투자율)$\times \mu_s$(비투자율)
$$\mu_0 = 4\pi \times 10^{-7} \text{[H/m]}$$

상수 ε(유전율)[F/m] $= \varepsilon_0$(진공의 유전율)[F/m]$\times \varepsilon_s$(비율전율)
$$\varepsilon_0 = 8.855 \times 10^{-12} \text{[F/m]}$$

1. 자화의 세기(J)

$$J = \mu_0(\mu_s - 1)H$$
$$J = \chi H \Rightarrow \chi(\text{자화율}) = \mu_0(\mu_s - 1) \text{[H/m]}$$
$$J = B\left(1 - \frac{1}{\mu_s}\right)$$
$$J = \frac{M\text{[Wb m]}}{V\text{[m}^3\text{]}} \text{[Wb/m}^2\text{]}$$

$M = m\ell$(단위체적당 자기 모멘트)

※ 비교
*분극의 세기
$$P = \epsilon_0(\epsilon_s - 1)E$$
$$P = \chi E$$
$$\Rightarrow \chi(\text{분극율})$$
$$= \epsilon_0(\epsilon_s - 1) \text{[F/m]}$$
$$P = D\left(1 - \frac{1}{\epsilon_s}\right) \text{[C/m}^2\text{]}$$
$$P = \frac{M\text{[c} \cdot \text{m]}}{V\text{[m}^3\text{]}} \text{[C/m}^2\text{]}$$

2. 경계 조건

(1) $B_1 \cos\theta_1 = B_2 \cos\theta_2$
(자속 밀도의 법선 성분은 같다.)

(2) $H_1 \sin\theta_1 = H_2 \sin\theta_2$
(자계의 접선 성분은 같다.)

(3) 굴절의 법칙
$$\frac{\tan\theta_2}{\tan\theta_1} = \frac{\mu_2}{\mu_1}$$

(4) 경계면상의 두 점에서 자위는 같다.

(5) $\mu_1 > \mu_2$일 때
$\theta_1 > \theta_2$
$B_1 > B_2$
$H_1 < H_2$

※ 비교
* 경계 조건
① $D_1 \cos\theta_1 = D_2 \cos\theta_2$
(전속 밀도의 법선 성분은 같다.)
② $E_1 \sin\theta_1 = E_2 \sin\theta_2$
(전계의 접선 성분은 같다.)
③ 굴절의 법칙
$\dfrac{\tan\theta_2}{\tan\theta_1} = \dfrac{\epsilon_2}{\epsilon_1}$
④ $\epsilon_1 > \epsilon_2$일 때
$\theta_1 > \theta_2$
$D_1 > D_2$
$E_1 < E_2$

---

3. 자기 저항(R_m)

R_m(자기 저항)$= \dfrac{\ell}{\mu S} = \dfrac{F}{\phi}$ [AT/Wb]

$\Rightarrow F$(기자력)$= NI$ [AT]
(N: 권수, I: 전류, ϕ: 자속)

※ 비교
$R = \dfrac{\ell}{kS}$
k : 도전율

---

4. 자속(ϕ)

$\phi = \dfrac{F}{R_m} = \dfrac{\mu SNI}{\ell}$ [Wb]

$\phi = B \cdot S = \mu_0 \mu_s HS$ [Wb]

※ 비교
$I = \dfrac{V}{R}$

5. 단위 체적당 에너지(에너지밀도)

$w = \dfrac{1}{2}\mu H^2 = \dfrac{B^2}{2\mu} = \dfrac{1}{2}HB$ [J/m³]

작용하는 힘
$f = \dfrac{1}{2}\mu H^2 = \dfrac{B^2}{2\mu} = \dfrac{1}{2}HB$ [N/m²]

$f \propto H^2 \propto B^2$

$F = fS$[N] $= \dfrac{B^2}{2\mu} \times S$

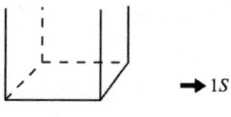 → 1S

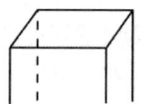

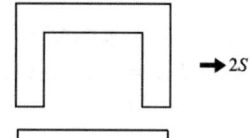 → 2S

6. 미소공극이 있는 철심회로의 합성 자기 저항
ex.
(1) 미소 공극이 있는 철심 회로의 합성 자기 저항은 처음 자기 저항의 몇 배?
$\dfrac{R_m{'}}{R_m} = 1 + \dfrac{\ell_g}{\ell} \cdot \dfrac{\mu}{\mu_0}$

(2) 공극의 자기 저항은 철심 자기 저항의 몇 배?
$\dfrac{R_{m0}}{R_m} = \dfrac{\ell_g}{\ell} \cdot \dfrac{\mu}{\mu_0}$

ℓ : 철심의 길이
ℓ_g : 공극의 길이
μ : 철심의 투자율
μ_0 : 공극의 투자율

※ 비교

＊정전계

- 단위체적당 에너지

$$w = \frac{1}{2}\epsilon E^2 = \frac{D^2}{2\epsilon}$$

$$= \frac{1}{2}ED \, [J/m^3]$$

- 대전 도체 표면에 작용하는 힘
  (정전 응력, 단위면적당 힘[N/m²])

$$f = \frac{1}{2}\epsilon E^2 = \frac{D^2}{2\epsilon}$$

$$= \frac{1}{2}ED \, [N/m^2]$$

$$f \propto E^2 \propto D^2 \propto (\text{표면 전하 밀도})^2$$

7. 히스테리시스 곡선

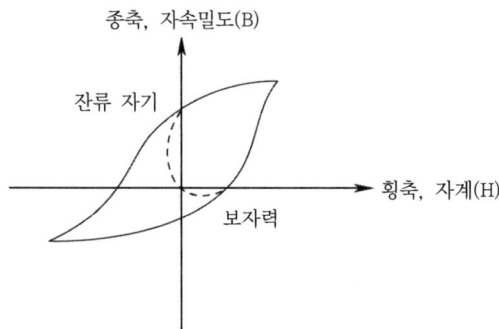

	영구자석	전자석
잔류 자기	大	大
보자력	大	小
히스테리시스 곡선 면적	大	小

(1) 전자석의 구비조건
   적은 보자력으로 큰 잔류 자기를 얻고 히스테리시스 곡선 면적은 작다.

(2) 강자성체 $\mu_s \gg 1$
   상자성체 $\mu_s > 1$
   역(반)자성체 $\mu_s < 1$

(3) 강자성체   (4) 반강자성체

↑↑↑↑   ↑↓↑↓

8. 전기회로와 자기회로 대응관계

전기회로	자기회로
V [V] : 기전력	$F = NI$ [AT] : 기자력
I [A] : 전류	ϕ [Wb] : 자속
R [Ω] : 전기저항	R_m [AT/Wb] : 자기 저항
k [℧/m] : 도전율	μ [H/m] : 투자율
i [A/m²] : 전류 밀도	B [Wb/m²] : 자속 밀도

제9절 전자 유도 요점정리

1. 패러데이의 전자 유도 법칙

자속 ϕ가 변화할 때 유도 기전력

$$e = -N\frac{d\phi}{dt}\,[V]$$

$$= -N\frac{dB}{dt} \cdot S\,[V]$$

"ps"

$$\frac{d\sin\omega t}{dt} = \omega\cos\omega t$$

$$\frac{d\cos\omega t}{dt} = -\omega\sin\omega t$$

(1) $\phi = \phi_m \sin\omega t \quad e = ?$

$$e = -N\frac{d\phi}{dt}\sin\omega t$$

$$= -\omega N\phi_m \cos\omega t$$

$$= \omega N\phi_m \sin(\omega t - 90)$$

(2) $\phi = \phi_m \cos\omega t \quad e = ?$

$$e = -N\frac{d\phi_m}{dt}\cos\omega t$$

$$= \omega N\phi_m \sin\omega t$$

※ 유기 기전력 최댓값(E_m)

$$= \omega N\phi_m \begin{cases} \omega(\text{각속도}) = 2\pi f \\ \quad (\text{각주파수}) \\ N : \text{권수} \\ \phi_m : \text{최대자속} \end{cases}$$

※ 유기 기전력은 자속보다 위상이 $\frac{\pi}{2}(90°)$만큼 늦다.

2. 표피 효과와 침투 깊이(δ)

$$\delta = \sqrt{\frac{2}{\omega k \mu}}\,[m]$$

$\omega = 2\pi f$
k : 도전율[℧/m], [S/m]
$\frac{1}{k} = \rho$: 고유저항[Ω·m]
μ : 투자율[H/m] $\Rightarrow \mu = \mu_0 \mu_s$

• 주파수 증가시

① 표피 효과와 침투 깊이(δ)

$\downarrow(\delta) \propto \sqrt{\dfrac{1}{f\uparrow}}$ 감소

② 표피 효과($\frac{1}{\delta}$)

$\uparrow\left(\dfrac{1}{\delta\downarrow}\right) \propto \sqrt{f\uparrow}$ 증가

③ 저항(R)

$\uparrow(R) = \rho\dfrac{\ell}{S\downarrow} \propto \sqrt{f}$ 증가

제10절 인덕턴스 요점정리

1. 인덕턴스

(1) $e = -L\dfrac{di}{dt}$ [V]

(2) $e_1 = -L_1\dfrac{di_1}{dt}$ [V]

$e_2 = -M\dfrac{di_1}{dt}$ [V]

(3) $LI = N\phi$

(4) $M = k\sqrt{L_1 L_2}$
 ⇒ k(결합계수)
 이상 (완전) 결합시 $k=1$

2. 인덕턴스 계산

(1) 솔레노이드

$L = \dfrac{N}{I}\phi$ [H] $\langle \phi = \dfrac{NI}{R_m}$ [Wb]$\rangle$

 $= \dfrac{N^2}{R_m}$ [H] $\langle R_m = \dfrac{\ell}{\mu S}\rangle$

 $= \dfrac{\mu S N^2}{\ell}$ [H] $\langle N = n\ell \rangle$

 $= \mu S n^2 \ell$ [H]

 $= \mu S n^2$ [H/m] (단위길이당 인덕턴스)

(2) 자기 저항

$R_m = \dfrac{N_1^2}{L_1} = \dfrac{N_2^2}{L_2} = \dfrac{N_1 N_2}{M}$

(3) 상호 인덕턴스

$M = \dfrac{N_1 N_2}{R_m}$ $\langle R_m = \dfrac{\ell}{\mu S}\rangle$

 $= \dfrac{\mu S N_1 N_2}{\ell}$

(4) 동축 원통(무한장 직선, 원주)

∴ $L = \dfrac{\mu_0 \ell}{2\pi}\ln\dfrac{b}{a} + \dfrac{\mu\ell}{8\pi}$ [H]

 (외부)   (내부)

(5) 평행 도선

∴ $L = \dfrac{\mu_0 \ell}{\pi}\ln\dfrac{d}{a} + \dfrac{\mu\ell}{4\pi}$ [H]

 (외부)   (내부)

3. 인덕턴스 접속

(1) 직렬 접속

① 가동 접속

L(합성 인덕턴스) $= L_1 + L_2 + 2M$
$= L_1 + L_2 + 2k\sqrt{L_1 L_2}$

② 차동 접속

L(합성 인덕턴스) $= L_1 + L_2 - 2M$
$= L_1 + L_2 - 2k\sqrt{L_1 L_2}$

(2) 병렬 접속

① 가동 접속

L(합성 인덕턴스) $= \dfrac{L_1 L_2 - M^2}{L_1 + L_2 - 2M}$ [H]

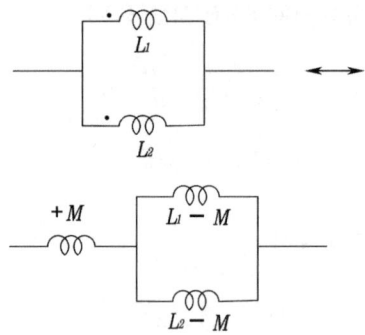

② 차동 접속

$$L \text{(합성 인덕턴스)} = \frac{L_1 L_2 - M^2}{L_1 + L_2 + 2M} \text{ [H]}$$

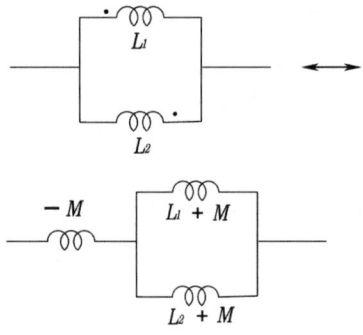

4. 자계 에너지

$$W = \frac{1}{2} L I^2 \text{[J]}$$

(1) $L = \dfrac{\mu S N^2}{\ell}$

(2) $L = L_1 + L_2 \pm 2M (M = k\sqrt{L_1 L_2})$

(3) $L = \dfrac{\mu \ell}{8\pi}$

(4) $LI = N\phi$

제11절 전자계 요점정리

1. **변위 전류 밀도(i_d)[A/m²]**

   ┌ 맥스웰 전극 간에 **유전체를 통**하여 흐르는 전류
   ├ **자계**를 발생시킴
   └ **전속 밀도의 시간적 변화**

   ※ 변위 전류 밀도(i_d)

   $$i_d \text{(변위 전류 밀도)} = \frac{\partial D}{\partial t} \left(D = \epsilon E = \epsilon \frac{V}{d} \right)$$

   "PS"

   - $\partial \dfrac{\sin \omega t}{\partial t} \Rightarrow \omega \cos \omega t$
   - $\partial \dfrac{\cos \omega t}{\partial t} = -\omega \sin \omega t$

   (1) $V = V_m \sin \omega t$ 일 때 변위 전류 밀도(i_d) = ?

   $$\begin{aligned} i_d &= \frac{\partial D}{\partial t} \\ &= \frac{\partial}{\partial t} \frac{\epsilon}{d} V_m \sin \omega t \\ &= \frac{\epsilon}{d} V_m \times \omega \cos \omega t \\ &= \omega \frac{\epsilon}{d} V_m \cos \omega t \text{ [A/m}^2\text{]} \end{aligned}$$

   (2) $V = V_m \cos \omega t$ 일 때 변위 전류 밀도(i_d) = ?

   $$\begin{aligned} i_d &= \frac{\partial D}{\partial t} \\ &= \frac{\partial}{\partial t} \frac{\epsilon}{d} V_m \cos \omega t \\ &= \frac{\epsilon}{d} V_m \times -\omega \sin \omega t \\ &= -\omega \frac{\epsilon}{d} V_m \sin \omega t \text{ [A/m}^2\text{]} \end{aligned}$$

   * 변위 전류(I_d)

   ⇒ 변위 전류 밀도(i_d) × 면적(S)

   변위 전류는 C만의 회로에서 흐르는 전류와 같다.

$$I_d = C \cdot \frac{dv}{dt}$$
$$= C \cdot \frac{d}{dt}(V_m \sin \omega t)$$
$$= \omega C V_m \cdot \cos \omega t \, [A]$$
$$= \omega C V_m \sin(\omega t + 90°)$$

∴ 변위 전류의 최댓값(Id_m)

$$Id_m(최대) = \omega C V_m \, [A]$$

2. 고유(파동, 특성) 임피던스(Z_0)

$$Z_0(특성 임피던스) = \sqrt{\frac{\mu_0}{\epsilon_0}} = \frac{E}{H} = 377 \, [\Omega]$$

$$E(전계) = 377H$$
$$H(자계) = \frac{1}{377}E$$

ex. ϵ_s, μ_s가 주어진 경우

파동 임피던스, 전계, 자계의 표현

$$파동 임피던스(Z_0) = \sqrt{\frac{\mu_0 \mu_s}{\epsilon_0 \epsilon_s}} = 377\sqrt{\frac{\mu_s}{\epsilon_s}}$$

$$전계(E) = 377\sqrt{\frac{\mu_s}{\epsilon_s}} H$$

$$자계(H) = \frac{1}{377\sqrt{\frac{\mu_s}{\epsilon_s}}} E$$

3. 전파(위상) 속도(v)

$$v(전파 속도) = \frac{1}{\sqrt{\epsilon\mu}} \, [m/s]$$

$$v = \frac{3 \times 10^8}{\sqrt{\epsilon_s \mu_s}}$$

$$v = \lambda f \, [m/s]$$

$$\lambda = \frac{v}{f} \quad (진동시 \, f = \frac{1}{2\pi\sqrt{LC}} \, [HZ])$$
(파장)

4. 포인팅 벡터 ($\vec{P}$)

$$\vec{P}(포인팅 벡터) = E \times H$$
$$\vec{P} = EH$$

공기(진공)인 경우
$$\Rightarrow \left(E = 377H, \, H = \frac{1}{377}E\right)$$

$$\vec{P} = 377H^2$$
$$\vec{P} = \frac{1}{377}E^2$$
공기(진공)인 경우

$$\vec{P} = \frac{P}{S} = \frac{P}{4\pi r^2} \, [w/m^2], \, [J/s \cdot m^2]$$

• 포인팅 벡터 ⇒ 단위 면적을 단위 시간에 통과하는 에너지

5. 전파 방정식

(1) $\text{div} D = \rho \, [C/m^3]$
  $\nabla \cdot D$

(2) $\text{div} B = 0$
  $\nabla \cdot B$
  (고립된 자극은 존재하지 않는다.)

(3) $\text{rot} E = -\frac{\partial B}{\partial t}$
  $\nabla \times E$

  ⎡ 패러데이 전자유도 법칙을 이용
  ⎢ ⇒ 유기 기전력에 관한 법칙
  ⎣ 표피 효과와 연관

(4) $\text{rot} H = J + \frac{\partial D}{\partial t} = i$ (전류 밀도)
  $\nabla \times H$

  J : 전도 전류 밀도
  $\frac{\partial D}{\partial t}$: 변위 전류 밀도

$$i = \mathrm{rot}\, H = \nabla \times H$$

$$= \begin{vmatrix} i & j & k \\ \frac{\partial}{\partial x} & \frac{\partial}{\partial y} & \frac{\partial}{\partial z} \\ Hx & Hy & Hz \end{vmatrix}$$

(5) B(자속 밀도) $= \mathrm{rot}\, A$
$$= \nabla \times A$$
$$= \begin{vmatrix} i & j & k \\ \frac{\partial}{\partial x} & \frac{\partial}{\partial y} & \frac{\partial}{\partial z} \\ Ax & Ay & Az \end{vmatrix}$$

6. 맥스웰의 전계와 자계에 대한 방정식

의미	맥스웰 전자방정식
패러데이 법칙	미분형) $\mathrm{rot}\, E = -\frac{\partial B}{\partial t}$ 적분형) $\oint_c E \cdot dl = -\int_s \frac{\partial B}{\partial t} \cdot dS$
암페어 주회적분 법칙	미분형) $\mathrm{rot}\, H = j + \frac{\partial D}{\partial t}$ 적분형) $\oint_c H \cdot dl = I + \int_s \frac{\partial D}{\partial t} \cdot dS$
가우스 법칙	미분형) $\mathrm{div}\, D = \rho$ 적분형) $\oint_s D \cdot dS = \int_v \rho\, dv = Q$
가우스 법칙	미분형) $\mathrm{div}\, B = 0$ 적분형) $\oint_s B \cdot dS = 0$

초보전기의 기초수학공식

01 대수공식

(1) 2차 방정식 $ax^2 + bx + c = 0$

$$x = \frac{-b \pm \sqrt{b^2 - 4ac}}{2a}$$

ex. 전계의 세기가 0이 되는 지점?

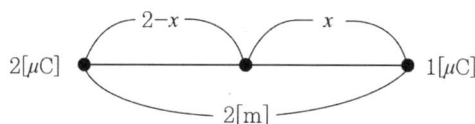

두 전하의 부호가 같은 경우 전계의 세기가 0이 되는 지점은 두 전하 사이에 존재

$$\frac{2 \times 10^{-6}}{4\pi\epsilon_0 (2-x)^2} = \frac{10^{-6}}{4\pi\epsilon_0 x^2}$$

$2x^2 = (2-x)^2$
$\sqrt{2}x = 2 - x$
$(\sqrt{2} + 1)x = 2$
$x = \dfrac{2}{\sqrt{2}+1} \cdot \dfrac{(\sqrt{2}-1)}{(\sqrt{2}-1)} = 2(\sqrt{2}-1)$ [m]

(2) $\log_a a = 1$

ex. $\log_{10} 10 = 1$

(3) $\log_a xy = \log_a x + \log_a y$
"로그의 덧셈은 곱셈과 같다."

(4) $\log_a \dfrac{y}{x} = \log_a y - \log_a x$
"로그의 뺄셈은 나눗셈과 같다."

ex. $E = 7xi - 7yi$ [V/m]일 때, 점(5, 2)[m]를 통과하는 전기력선의 방정식은?

① $y = 10x$ ② $y = \dfrac{10}{x}$

③ $y = \dfrac{x}{10}$ ④ $y = 10x^2$

해설 전기력선의 방정식 $\dfrac{dx}{E_x} = \dfrac{dy}{E_y}$

$\dfrac{dx}{7x} = \dfrac{dy}{-7y}, \ \dfrac{1}{x}dx = -\dfrac{1}{y}dy$

$xy = C$

양변을 적분하면 ($C = 5 \times 2 = 10$)
$\ln x = -\ln y + \ln c$
$\therefore xy = 10$
$\ln x + \ln y = \ln c$
$y = \dfrac{10}{x}$
$\ln xy = \ln c$

(5) $\log_a x^n = n \log_a x$

ex. $\log_{10} 100 = \log_{10} 10^2 = 2\log_{10} 10 = 2$

(6) 지수와 로그와의 관계

"지수 형태는 로그로, | 로그 형태는 지수로"
(지수 → 로그) | (로그 → 지수)
$x = a^y \Rightarrow$ | $\log_a x = y$
양변에 로그
$\log_a x = \log_a a^y$ | $\therefore x = a^y$
$\therefore \log_a x = y$

ex.

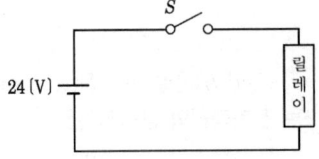

$t = 0.015(s)$, $i(t) = 10(mA)$이면 $L(H) = ?$

해설

$R-L$ 직렬시 과도 현상

$i(t) = \dfrac{E}{R}\left(1 - e^{-\frac{R}{L}t}\right)$

$10 \times 10^{-3} = \dfrac{24}{1,200}\left(1 - e^{-\frac{1,200}{L} \times 0.015}\right)$

$\dfrac{1,200 \times 10 \times 10^{-3}}{24} = 1 - e^{-\frac{18}{L}}$

$\dfrac{1}{2} = 1 - e^{-\frac{18}{L}}$

$e^{-\frac{18}{L}} = \dfrac{1}{2} = 2^{-1}$

(양변에 자연 로그)

$\log_e e^{-\frac{18}{L}} = \log_e 2^{-1}$

$-\dfrac{18}{L} = -\log_e 2$

$\therefore L = \dfrac{18}{\log_e 2}$
$\quad = 26(H)$

(7) $e = 1 + \dfrac{1}{1!} + \dfrac{1}{2!} + \cdots\cdots + \dfrac{1}{n!} = 2.71828\cdots$

cf. $3! = 3 \times 2 \times 1 = 6$

(8) $e^{-at} = \dfrac{1}{e^{at}}$

$t \to \infty \ : \ \dfrac{1}{e^\infty} = \dfrac{1}{\infty} = 0$

$t \to 0 \ : \ \dfrac{1}{e^0} = \dfrac{1}{1} = 1$

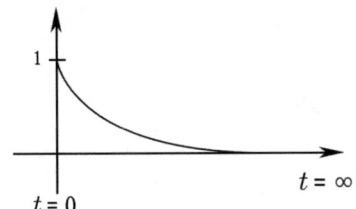

(9) 지수 함수의 곱셈과 나눗셈

① $a^n \times a^m = a^{n+m}$

② $a^n \div a^m = a^{n-m}$

③ $(a^n)^m = a^{n \cdot m}$

ex 1) $10^5 \times 10^2 = 10^{5+2} = 10^7$

ex 2) $10^5 \div 10^2 = 10^{5-2} = 10^3$

ex 3) $(10^5)^2 = 10^{5 \times 2} = 10^{10}$

02 삼각함수

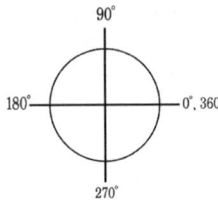

디그리(DEG)

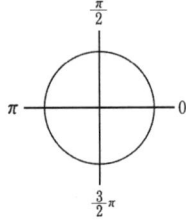

레디안(RAD)

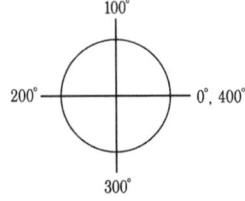

그라드(GRAD)

(1) $\sin^2 + \cos^2 A = 1$

(2) $\sin(A \pm B) = \sin A \cos B \pm \cos A \sin B$
(복호동순)

(3) $\cos(A \pm B) = \cos A \cos B \mp \sin A \sin B$
(복호역순)

ex. $\mathcal{L}[\cos(10t - 30°)u(t)]$

해설

$\mathcal{L}[\cos 10t \cdot \cos 30° + \sin 10t \cdot \sin 30°]$
$= \dfrac{\sqrt{3}}{2} \cdot \dfrac{S}{S^2 + 10^2} + \dfrac{1}{2} \cdot \dfrac{10}{S^2 + 10^2}$
$= \dfrac{0.866s + 5}{S^2 + 10^2}$

(4) $\sin^2 A = \dfrac{1 - \cos 2A}{2}$

cf.
$\cos(A + A) = \cos A \cos A - \sin A \cdot \sin A$
$\cos 2A = \cos^2 A - \sin^2 A$
$\quad = (1 - \sin^2 A) - \sin^2 A$
$\cos 2A = 1 - 2\sin^2 A$
$\sin^2 A = \dfrac{1 - \cos 2A}{2}$
$2\sin^2 A = 1 - \cos 2A$

(5) $\cos^2 A = \dfrac{1 + \cos 2A}{2}$

ex. $\mathcal{L}[\sin^2 t]$
$= \mathcal{L}\left[\dfrac{1 - \cos 2t}{2}\right]$
$= \dfrac{1}{2}\left(\dfrac{1}{S} - \dfrac{S}{S^2 + 2^2}\right)$
$= \dfrac{1}{2S} - \dfrac{S}{2(S^2 + 4)}$

(6) $\tan A = \dfrac{\sin A}{\cos A}$

cf.

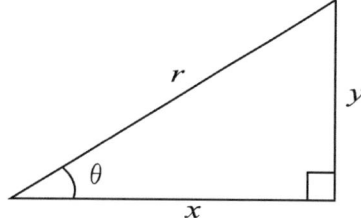

(기초 정리)

$\tan\theta = \dfrac{y}{x}$

$= \dfrac{\dfrac{y}{r}}{\dfrac{x}{r}} = \dfrac{\sin\theta}{\cos\theta}$

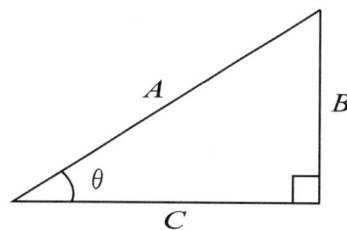

- $\sin\theta = \dfrac{B}{A}$
- $\cos\theta = \dfrac{C}{A}$
- $\tan\theta = \dfrac{B}{C}$
- $A = \sqrt{B^2 + C^2}$ $\quad \theta = \dfrac{1}{\tan} \cdot \dfrac{B}{C}$
$\qquad\qquad\qquad = \tan^{-1}\dfrac{B}{C}$

cf. $\dfrac{1}{2} = 2^{-1}$, $\dfrac{1}{x} = x^{-1}$, $\dfrac{1}{10} = 10^{-1}$

- 특수각의 도수법 환산(호도법$\times \dfrac{180}{\pi}$ = 도수법)

$2\pi = 36°$ $\qquad \pi = 180°$ $\qquad \dfrac{3}{2}\pi = 270°$

$\dfrac{\pi}{2} = 90°$ $\qquad \dfrac{\pi}{3} = 60°$

$\dfrac{\pi}{4} = 45°$ $\qquad \dfrac{\pi}{6} = 30°$

- 특수각의 삼각함수값

	0°	30°	45°	60°	90°
sin	$\dfrac{\sqrt{0}}{2}=0$	$\dfrac{\sqrt{1}}{2}=\dfrac{1}{2}$	$\dfrac{\sqrt{2}}{2}=\dfrac{1}{\sqrt{2}}$	$\dfrac{\sqrt{3}}{2}$	$\dfrac{\sqrt{4}}{2}=1$
cos	$\dfrac{\sqrt{4}}{2}=1$	$\dfrac{\sqrt{3}}{2}$	$\dfrac{\sqrt{2}}{2}=\dfrac{1}{\sqrt{2}}$	$\dfrac{\sqrt{1}}{2}=\dfrac{1}{2}$	$\dfrac{\sqrt{0}}{2}=0$
tan	$\dfrac{0}{3}=0$	$\dfrac{\sqrt{3}}{3}=\dfrac{1}{\sqrt{3}}$	$\dfrac{\sqrt{3}\cdot\sqrt{3}}{3}=1$	$\dfrac{\sqrt{3}\cdot\sqrt{3}\cdot\sqrt{3}}{3}=\sqrt{3}$	∞

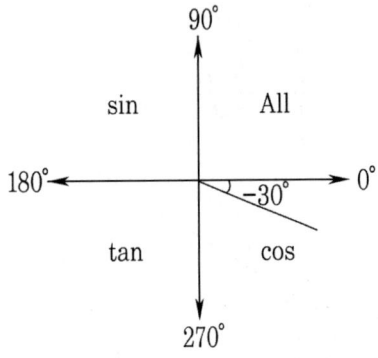

$\sin(-30°) = -\sin 30°$
$\cos(-30°) = \cos 30°$
$\tan(-30°) = -\tan 30°$

03 미분공식

(1) $y = x^m$

$\dfrac{dy}{dx} = y' = m \cdot x^{m-1}$

ex. $y = x^3$
해설 $y' = 3 \cdot x^{3-1} = 3x^2$

(2) $y = \sin x$
$y' = +\cos x$

(3) $y = \cos x$
$y' = -\sin x$

(4) $y = \sin ax$ (변수 x 앞에 상수가 있는 경우)
$y' = (ax)' \cos ax$
$\quad = a\cos ax$

ex.

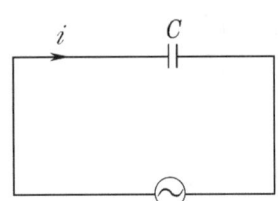

$v = V_m \sin\omega t$[V]일 때 C에 흐르는 전류 i는?

해설
$i = C \cdot \dfrac{dv}{dt} = C \cdot \dfrac{d}{dt}(V_m \sin\omega t)$
$\quad = CV_m \dfrac{d}{dt}\sin\omega t$
$\quad = (\omega t)' CV_m \cos\omega t$
$\quad = \omega CV_m \sin(\omega t + 90°)$

∴ C만 회로에서는 전류가 전압보다 위상이 90° 앞선다.

(5) $y = \cos ax$
　　$y' = -(ax)'\sin ax$
　　$\therefore y' = -a\sin ax$

(6) $y = e^x$
　　$y' = (x^1)'e^x$ (지수 함수는 그대로)
　　　$= e^x \cdot 1 = e^x$

(7) $y = e^{ax}$
　　$y' = (ax)'e^{ax}$
　　$\therefore y' = a \cdot e^{ax}$

ex. $L = 2[H]$이고, $i = 20\varepsilon^{-2t}[A]$일 때 L의 단자 전압은?

[해설] $v = L\dfrac{di}{dt} = 2 \times 20 \dfrac{d}{dt}\varepsilon^{-2t}$
　　　　$= (-2t)'20 \times 2 \times \varepsilon^{-2t}$
　　　　$= -2 \times 20 \times 2 \times \varepsilon^{-2t}$
　　　　$= -80\varepsilon^{-2t}[V]$

(8) $y = (a+bx)^m$
　　$y' = m(a+bx)^{m-1} \cdot (bx)'$
　　　$= m(a+bx)^{m-1} \cdot b$

(9) $y = \log_e x$
　　$y' = \dfrac{1}{x}$

ex. $y = \dfrac{1}{x} = x^{-1}$
　　$y' = -1 \cdot x^{-1-1}$
　　　$= -1 \cdot x^{-2}$
　　　$= -\dfrac{1}{x^2}$

(10) $y = \tan x = \dfrac{\sin x}{\cos x}$
　　$y' = \dfrac{\sin x' \cdot \cos x - \sin x \cdot \cos x'}{\cos^2 x}$
　　　$= \dfrac{\cos^2 x + \sin^2 x}{\cos^2 x}$
　　　$= \dfrac{1}{\cos^2 x}$

ex. $y = \dfrac{1}{x}$을 미분하면
　　$y' = \dfrac{1' \cdot x - 1 \cdot x'}{x^2}$
　　　$= \dfrac{0-1}{x^2} = -\dfrac{1}{x^2}$

04 적분공식

(1) $\displaystyle\int x^n dx = \dfrac{x^{n+1}}{n+1}$ (적분상수 제외)

ex. $y = 3x^2$을 적분
[해설] $\displaystyle\int 3x^2 dx = \dfrac{3}{2+1}x^{2+1} = x^3$

(2) $\displaystyle\int \sin x dx$
　　$= -\cos x$

(3) $\displaystyle\int \cos x dx$
　　$= +\sin x$

(4) $\displaystyle\int \sin ax dx$ (변수 x 앞에 상수가 있는 경우)
　　$= -\dfrac{1}{(ax)'}\cos ax = \dfrac{1}{a}\cos ax$

ex.

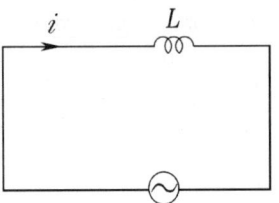

$v = V_m \sin\omega t$ [V]일 때 L에 흐르는 전류 i는?

해설 $i = \dfrac{1}{L} \int (V_m \sin\omega t) dt$

$= \dfrac{V_m}{L} \int \sin\omega t \, dt$

$= -\dfrac{V_m}{(\omega t)' L} \cos\omega t$

$= -\dfrac{V_m}{\omega L} \cos\omega t$

$= -\dfrac{V_m}{\omega L} \sin(\omega t + 90°)$

$= \dfrac{V_m}{\omega L} \sin(\omega t - 90°)$

∴ L만 회로에서는 전류가 전압보다 위상이 90° 뒤진다.

(5) $\int \cos ax \, dx$

$= \dfrac{1}{(ax)'} \cdot \sin ax$

$= \dfrac{1}{a} \sin ax$

(6) $\int e^x dx$

$= \dfrac{e^x}{(x)'} = \dfrac{e^x}{1} = e^x$

(7) $\int e^{ax} dx$

$= \dfrac{1}{(ax)'} \cdot e^{ax}$

$= \dfrac{1}{a} e^{ax}$

(8) $\int (a+bx)^n dx$

$= \dfrac{1}{n+1}(a+bx)^{n+1} \cdot \dfrac{1}{(bx)'}$

$= \dfrac{(a+bx)^{n+1}}{(n+1)b}$

(9) $\int \dfrac{1}{x} dx = \log_e x$

(10) $\int u \dfrac{dv}{dx} dx = uv - \int \dfrac{du}{dx} v \, dx$

(부분적분법)

ex. $\mathcal{L}[f(t)] = \int_0^\infty f(t) \cdot e^{-st} dt$

$\mathcal{L}[t] = \int_0^\infty t \cdot e^{-st} dt$

$= \left[t \cdot \left(\dfrac{1}{s} e^{-st}\right) \right]_0^\infty - \int_0^\infty 1 \cdot \left(-\dfrac{1}{s} e^{-st}\right) dt$

$= -\dfrac{1}{s} \left[\dfrac{t}{e^{st}} \right]_0^\infty - \int_0^\infty 1 \cdot \left(-\dfrac{1}{s} e^{-st}\right) dt$

$= 0 - \left(-\dfrac{1}{s}\right) \int e^{-st} dt$

$= -\dfrac{1}{s^2} \left[\dfrac{1}{e^{st}} \right]_0^\infty$

$= -\dfrac{1}{s} \left[0 - \dfrac{1}{1} \right]$

$= \dfrac{1}{s^2}$

∴ $\mathcal{L}[t^n] = \dfrac{n!}{s^{n+1}}$

$\mathcal{L}[t] = \dfrac{1}{s^2}$

단끝
전기자기학
필기 기본서

제2판 인쇄 2024. 3. 20. | 제2판 발행 2024. 3. 25. | 편저자 정용걸
발행인 박 용 | 발행처 (주)박문각출판 | 등록 2015년 4월 29일 제2015-000104호
주소 06654 서울시 서초구 효령로 283 서경 B/D 4층 | 팩스 (02)584-2927
전화 교재 문의 (02)6466-7202

이 책의 무단 전재 또는 복제 행위를 금합니다.

정가 20,000원
ISBN 979-11-6987-796-1

저자와의
협의하에
인지생략

MEMO